本書獻給所有仍舊相信人與自尊
是建立成功事業最重要之兩項資產的
「以人為本的經理人」

M 23堂學校沒教你的 M型管理力

——玫琳凱·艾施

目錄

第五堂　贏家的溝通方式：先聽再說

好的經理人也是好的傾聽者。上帝給了我們兩隻耳朵，卻只給我們一張嘴，所以我們傾聽的時間應該是說話時間的兩倍。認真傾聽有雙重的好處：一方面你獲得了必要的資訊，另一方面也使對方感到自己受到重視。

第六堂　「三明治式技巧」：將每一個小批評夾在兩層大大的讚美當中

有時候你需要讓對方知道你對他們的表現不滿意。但是請務必在批評時要對事不對人。以正面的方式做有效的批評很重要，唯有這麼做才不會造成對士氣的打擊。

第七堂　做一個言出必行的人

成為那種可以被信賴言出必行的人。只有一小部分人能夠言出必行，信守承諾，因此這些人會受到高度的推崇與尊敬。對於你的團隊而言，他們需要知道你擁有這種罕見的特質，並且相信你是一個完全可以仰賴的人。

第八堂　熱情：可以移山！

一切偉大的事物都需要透過熱情才能夠實現。優秀的經理人充滿熱情，而這樣的熱情是有感染力的。有趣的是「熱情」這個字的希臘文原意是「上帝在你心中」。

第九堂　領袖的速度就是團隊的速度

身為經理人，你必須要為你的團隊設定速度。優秀的經理人不害怕親力親為，他們會以身作則，展現良好的工作習慣、正面積極的態度和表現出團隊精神。優秀的經理人會建立成功的模式，讓所有人都視成功為己任。

第十堂　人們會支持他們參與創造的事物

有效的領導者會邀請人們參與仍處於「發想」階段的新計畫。透過與同事建立聯繫並徵求他們的意見，優秀的經理人能夠在每項新計畫的初始階段獲得支持。事實是，人們沒有參與決策過程時往往會抵制變革。一些最好的領導者會先「播下種子」，使其他人可以提出想法並且因此獲得讚揚！

第十一堂　大門敞開的哲學

在玫琳凱的公司總部，主管的門上沒有職稱，所有人都可以直接拜訪各層主管。公司內的每一個人—從收發室的員工到董事長在內，都會獲得一視同仁的待遇。

第十二堂　助人為成功之本

就像與僕人才幹有關的比喻(馬太福音 25:14–30) 所說的一樣，我們需要善用並增長上帝給我們的才幹天賦。只要我們這麼做，就能夠獲得更多。

第十三堂　堅持你的原則

除了我們的原則之外，其他一切都可以改變。絕對不要在你的原則上有所妥協。

第十四堂　自豪的觀念

組織當中的每個人都應該對個人的工作有一股自豪感。他們也應該為所服務的公司感到驕傲。經理人的職責之一就是要灌輸這種感覺，並且在員工當中推廣這樣的態度。

第十五堂　切莫安於現狀

生於憂患，死於安樂。每個人都應該要有終身的自我改善計畫。在今日快速變遷的世界裡頭，我們不進則退，因此絕對不能故步自封。

第十六堂　勇於承擔風險

你必須鼓勵人們勇於承擔風險，讓他們知道沒有人能夠保證只贏不輸。如果你對他們的失敗過於苛責，他們在未來就不會願意承擔風險去追求成功。

第十七堂　享受工作的樂趣

工作時也可享受樂趣。優秀的經理人會鼓勵人們展現幽默感。事實上，人們越享受工作帶來的樂趣，就能夠有越好的表現。

第十八堂　沒有銷售一切都不可能發生

每一個組織都有要「銷售」的事物，而公司內的每一個人也都必須了解沒有銷售，一切都不可能發生。因此，他們必須要全力支持銷售工作。

第十九堂　永遠不要被規定或自大所蒙蔽

除非你有好的理由來支持公司政策，否則永遠不要說：「那麼做違反公司政策」這麼說會激怒他人。這就好像你說：「我們這麼做是因為我們一向以來都是這麼做」的意思。同樣的，自大的態度也可能只是為了掩飾自己的無能而已。

第二十堂　剖析問題六步驟

優秀的經理人知道如何辨別真正的問題，也知道要如何採取行動解決問題。你必須要培養出辨別真實與想像問題的能力。

第二十一堂　壓力是阻礙你與下屬溝通的毒藥

壓力會減損生產力。優秀的經理人會致力於透過實體與心理的管道，為部屬創造無壓力的工作環境。

第二十二堂　從內部培植人才

經營最為良善的公司會從內部培養自己的經理人，他們很少會對外徵才。事實上，當公司太頻繁向外徵求管理人才時，反而是一個企業表現疲弱的警訊。公司的士氣可能會受到打擊，員工可能會開始感覺受到威脅，並且認為「不論我表現得有多好，我想要的職位都會被外來的新人搶走。」

第二十三堂　於公於私都遵循黃金法則行事

不要當一個偽君子，把一週的每一天都當作星期天一樣地過。一個人不能夠同時遵守兩套不同的道德守則。在工作上遵守你希望你的子女在生活中秉持的道德原則來行事。

附錄：玫琳凱大事紀

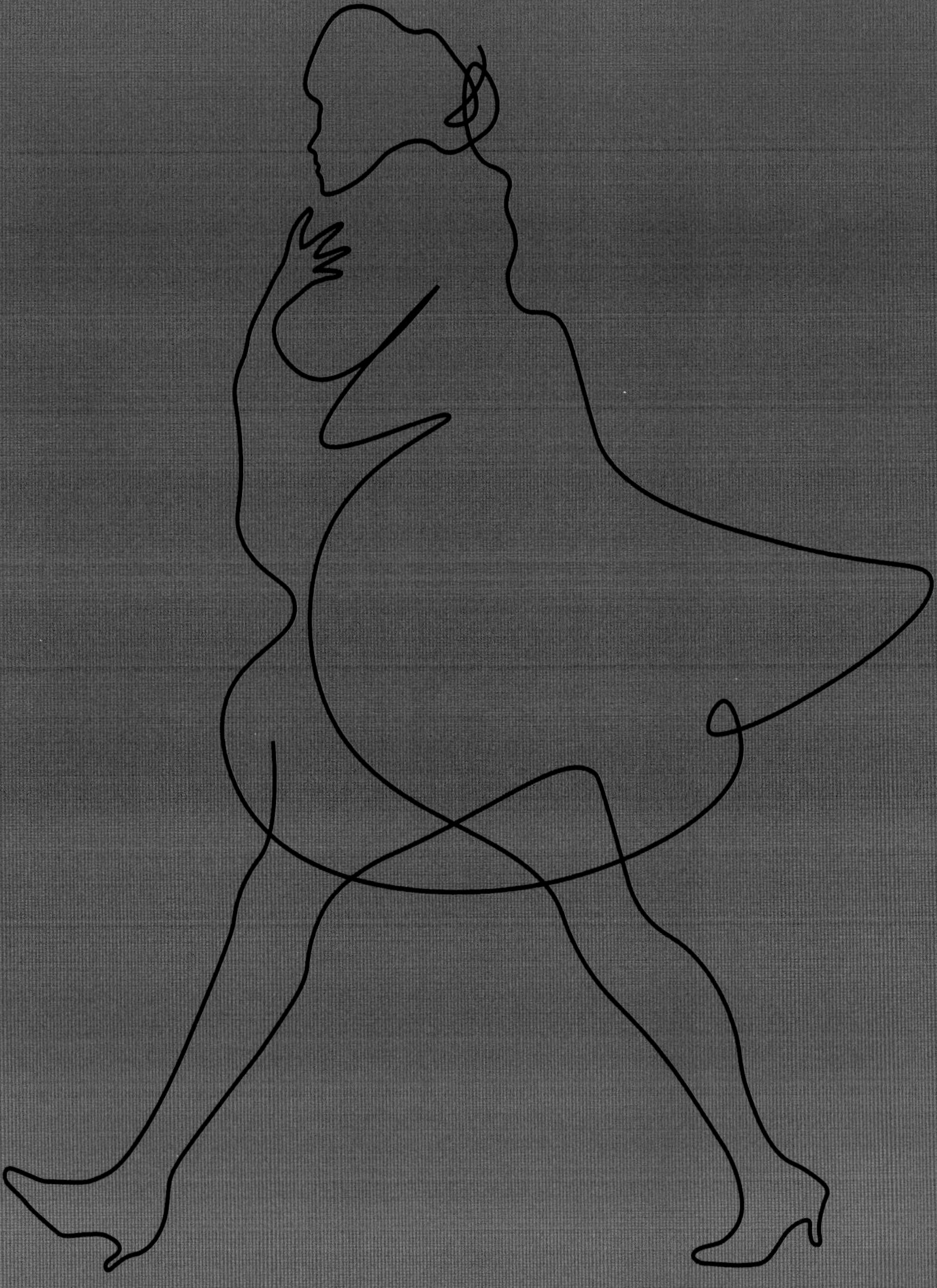

前言——萊恩羅傑斯

我很高興再次向世人介紹《玫琳凱談人的管理》，這本書提及了如何成為有效領導者的開創性思維。這本書是我祖母玫琳凱一生的智慧結晶。我驚訝地發現她在本書中分享的原則在今天仍然歷久彌新，至為重要。書中提到的準則和哲學不僅是她自己的生活方式，也是她灌輸給我們大家的生活理念。雖然我現在已經長大成人，但我仍舊清楚地記得她是如何在我整個童年時期裡，把這些準則灌輸給我。她知道這些準則將會改變我的人生。

在一九六三年，當她創立自己的「夢想公司」時，這些價值就是玫琳凱經營事業的方式。在過去的五十七年中，這些價值與準則已經改善了數百萬人的生活。到今天，這些準則仍然是我們管理事業的指南。未來也會如此。我的祖母創立了玫琳凱的這些準則與價值，我的父親將它們傳承下來，而我則希望不斷推廣並使之永存，這就是《玫琳凱之道》。

我出生時，祖母已經獲得了直銷產業名人堂的殊榮（Hall of Fame Award in the Direct Selling Industry）。我一歲時，祖母被選為傑出美國公民（Horatio Alger Distinguished American Citizen），年幼的我還不明白這對她具有多麼重要的意義。在我兩歲時，祖母曾接受了《六十分鐘》（60 Minutes）節目的電視採訪，當主持人莫利・塞弗（Morley Safer）問她：「…妳是否覺得，在某種程度上自己是在利用上帝？」她的回答是：「我不這麼認為，相反地，我希望上帝能用我，把我當作讓他人獲得成功的工具。」然而有一點我卻非常清楚，那就是祖母總是讓我覺得自己很重要。現在，隨著年齡的增長，我開始明白，她多麼重視傾聽的藝術、重視己所不欲勿施於人的黃金法則、以及重視與人為善的道理。她不僅這樣對待事業上的夥伴，也同樣這樣對待自己的家人。

一九八四年，當《玫琳凱談人的管理》首次出版，並成為《華爾街日報》的暢銷書時，我才七歲。玫琳凱祖母給了我一本簽名書。我一直珍藏到今日，因為書中的文字與我在她的一生中看到的一樣真實。她告訴我在未來有朝一日負責推動玫琳凱公司的願景和策略時，務必要運用這本書當中所記載的原則。

三十五年之後，我仍然遵循著她的建議。玫琳凱公司的整個管理團隊都視這本書為圭臬，不僅是從書中學習如何以玫琳凱的方式做事，而且還讓我們學會持續關注他人的需求，正如她在引言中所分享的一樣。我一直很清楚我的祖母是什麼樣的一個人，做過什麼樣的事情，但是直到在二〇〇〇年我加入玫琳凱公司之後，我才開始真正明白她在這麼多人的心中有多麼重要。在公司總部，我經常看到有員工把我祖母的照片放在相框裡，擺在辦公桌上顯眼的位置，就像是他們珍愛的家人一樣。在我和銷售團隊一起出席公司各種會議時，我經常聽她們談到關於祖母的故事，以及對她的記憶。當我的祖母於二〇〇一年去世的時候，我親身感受到了人們對她的愛。那些衷心的懷念、來信和採訪都讓我更深刻地瞭解了祖母曾經做出的貢獻。

多年前，我們在達拉斯召開了第一次玫琳凱全球事業會議，與會的都是我們全球各分公司的領導人。我記得非常清楚，當時公司有一位高階主管拿著一本《玫琳凱談人的管理》，問在場的與會者是否每一個人都讀過這本書。

有些人舉起手，表示讀過。他對著這些人說：「很好！請再讀一遍。」

對那些尚未讀過這本書的人，他則說：「離開達拉斯之前請人手一本。一定要讀這本書。」他接著說：「如果你覺得自己無法認同或者不同意書中提到的準則，那麼你可以離開玫琳凱了。」

之後我開始走訪玫琳凱的全球市場，在中國、墨西哥和俄羅斯這些地方，我驚訝地發現人們對玫琳凱的準則理解得竟然如此透徹。不管我身在何處，我都會遇到正在將《玫琳凱之道》付諸行動的人，他們讓別人覺得自己很重要，並且按照自己希望別人對待自己的方式來對待別人。回到家中，我驚喜地向父親訴說著這一切——我的父親理查·羅傑斯（Richard Rogers）幫助祖母開創了玫琳凱事業。我告訴父親，玫琳凱文化是一種不可思議的國際語言，它放諸四海皆準，在任何地方都適用。

在二〇〇三年，在祖母去世兩年後，我很榮幸地代表她接受了美國歷史上最偉大企業家的獎項，這個獎項是根據貝勒大學（Baylor

University）的學術調查結果評出的。同時獲獎的還有亨利．福特（Henry Ford），獎項由他的曾孫領取；一手創建了詹森出版公司的約翰．詹森（John H. Johnson）則被評選為美國歷史上最偉大的少數民族企業家；而我的祖母玫琳凱．艾施女士則被評為美國歷史上最偉大的女性企業家。領獎的時候，我說，祖母對這個世界最偉大的貢獻在於她打動了女性的思想和心靈。

在二〇〇四年，玫琳凱．艾施女士被美國公共電視（PBS）和華頓（Wharton）商學院共同評選為「過去二十五年間最有影響力的二十五位商業領袖」之一。我的父親因此而接受了採訪。父親從二十歲起就和祖母一起開創玫琳凱事業；這是祖母去世之後，我父親談到我祖母的少數採訪之一。《永遠的領導者》（Lasting Leadership）一書講述了這二十五位企業領導人的故事，其中有二十三位都是男性，包括比爾蓋茲、華倫巴菲特、威名超市的山姆華頓、葛林斯潘（Greenspan）和奇異的傑克威爾許，我的祖母是僅有的兩位女性之一。父親說，「建立人與人之間的關係是玫琳凱公司商業模式當中不可或缺的一環。」公司現在於全球各地擁有數百萬名成功的獨立美容顧問，就是對此典範強大力量的最好證明。

讀過這本書的人都會同意一件事情，那就是玫琳凱·艾施女士所說的話具有恆久流傳的珍貴價值。他們認為我祖母的原則在建立企業、培養領導技能，和打造個人生活方面都引起了巨大的迴響。因此我也致力於向玫琳凱未來世代的領袖們講授這些原則。

和玫琳凱歷史上的任何時刻一樣，《玫琳凱之道》指引和推動著我們全球的事業，它令全球數百萬家庭獲得更好的生活。未來還會持續下去。

——萊恩·羅傑斯（Ryan Rogers）

本文作者萊恩·羅傑斯（Ryan Rogers）玫琳凱·艾施女士的孫子，現為玫琳凱公司策略規劃部副總裁。

「我在創立玫琳凱時的宗旨之一就是創造一個企業氛圍。讓「以女性角度思考」不會被視為一種羈絆。在我的公司，這些經常被視為「女性直覺」的敏銳感覺和才華將會獲得鼓勵—而非扼殺。」

—— 玫琳凱·艾施

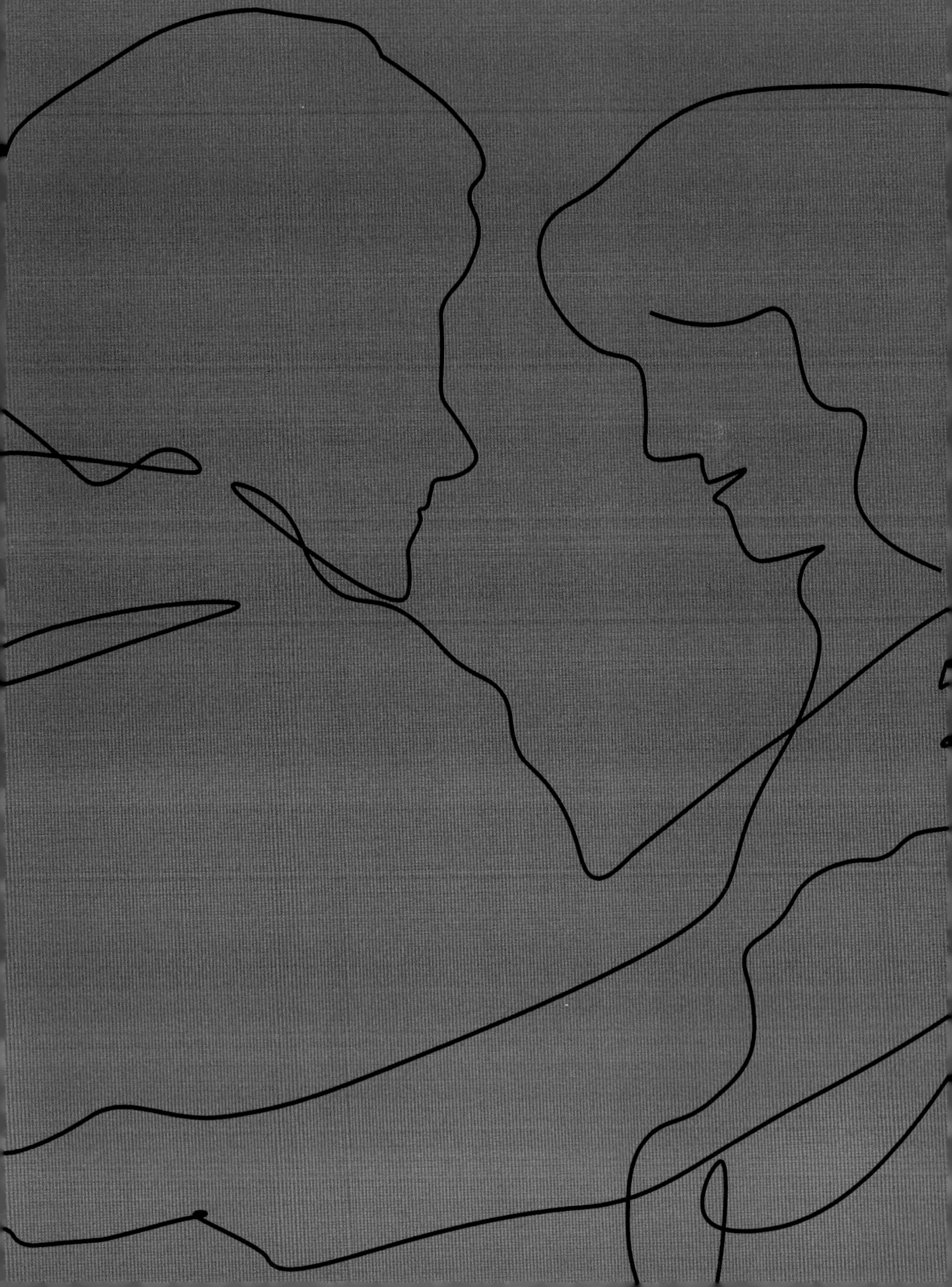

序

當玫琳凱・艾施女士於一九六三年創立自己的「夢想公司」時，幾乎沒有人能想像它會成為在近40個市場中營運的指標性全球品牌，並激發全球女性的創業志向。她的成功源於玫琳凱在《玫琳凱談人的管理》一書中精心闡述的個人和企業價值觀，這本書於一九八四年首次出版，作為以女性的風格來培養領導者的指南。這本書在當時非常特別，因為它彰顯了女性在創造充滿活力和生產力的工作場所方面可能產生的變革性影響。即使是今天，在首次出版的三十五年之後，《玫琳凱談人的管理》一書仍舊繼續引起無數男性與女性領袖的共鳴。

玫琳凱・艾施女士的傳奇故事以及她成為企業指標性人物的歷程，吸引了許多世代的傑出女性，她們尋求不受侷限的生活，展現積極思考的力量，並發揮個人的最大潛力，同時又保持了最大的誠信。作為具有創業進取精神的玫琳凱獨立美容顧問，全球數以百萬計的女性確立並完成了自己的目標。這種寶貴的創業機會使她們能夠追求自己的個人和專業夢想，同時享受經營個人企業的自由和靈活性。玫琳凱公司的成功仍然彰顯了玫琳凱所分享的原則具有多麼強大的力量。

我們最新版的《23堂學校沒教的M型管理力》忠實地保留了玫琳凱談人的管理的大部分原始內容，但為清晰起見，刪除了一些參考文獻，並更新了一些用語。但是，玫琳凱艾施開創性的智慧仍然在這本暢銷的管理和領導力經典當中的每一頁迴盪著。那些有幸第一次，或是第五次閱讀《玫琳凱談人的管理》的讀者，將會在書中分享原則的深刻簡單性當中發現真理。遵循這些標準與價值的領導者無疑地將推動個人和組織取得更上一層樓的成就。

引言

我的故事起始於很多人認為也許應該結束的時候。我在其他的直銷企業做了二十五年，直到一九六三年退休後，才創辦了自己的公司。在此之前，我在一家大型企業擔任全國訓練部門的主管，我很熱愛這項工作，並實現了很多個人目標。但是回想起自己的職業生涯，我還是覺得有些氣餒與沮喪。

退休後的枯燥生活更加深了這種不滿的感覺。我確實獲得了事業上的成功，但我覺得似乎自己的付出和能力從來沒有得到應有的回報。我知道，就因為自己是個女人，我被許多可以發揮潛能的機會拒之門外。我相信這種感覺並不是僅僅出於自艾自憐，因為我知道很多女性也受到類似的不公平待遇。

我也知道壓抑心中的怒氣有礙健康。多年來，我一直以擁有積極向上的生活態度而感到自豪，可是現在我的腦子裡卻滿是消極的想法。為了打消這些想法，我決定列一個清單，把過去二十五年來和我有關的所有美好事物列成一份清單。強迫自己正面思考確實提振了我的情緒，我能夠克制心中的不滿，並且慢慢找回過去的熱忱。忽然，我發現可以用這些清單上的內容為基礎寫一本書，一本旨在幫助別人的書。這促使我更深入地思考，把所有我認為阻礙到個人職業生涯的問題也一一寫下來。

我一再地讀著寫在這份清單上的內容，以確信自己是朝正確的方向前進。像是一個一直在努力保護自己孩子的母親，我希望能夠幫助其他女性，讓她們不再遭受我曾經遇到的痛苦。我發現這些內容可以變成一本指導如何正確領導和激勵團隊的書籍。但是，我有什麼資格可以寫一本關於領導能力的書呢？我沒有正式的領導頭銜，也不是作家。不管我的想法多麼有效，又有誰會注意到它們呢？儘管如此，黃金法則——「你希望別人怎樣待你，你也要怎樣待別人」——還是不斷地在我腦中浮現。如果我是我前公司的老闆，我會用「黃金法則」來處理人際關係，無論男女。對我來說，「黃金法則」顯然是一種有效的激勵和領導方式。

如果這樣一家公司確實存在，那麼我想，它肯定會是一家「夢想公司」。忽然間，我的腦子裏閃現了一個大膽卻又簡單的問題：「與其只是空發議論或是紙上談兵，我為什麼不能採取實際行動呢？」那一刻，我決定去實現這個夢想。

既然已經做了決定，我就需要找到自己想要銷售的東西。我想要一種最高品質的產品——一種能夠讓其他女性受益的產品，一種女性銷售起來會感覺很舒服的產品。我也想要為女性提供無可限量的事業機會，讓她們獲得足夠的激勵，去做她們有能力做好的任何事情。

我用了很多天來試圖發想這樣的一種產品，終於，有一天晚上當我準備上床就寢時，我忽然靈光乍現——那就是我的護膚產品。十年前，我在做直銷業務的時候拜訪過一位美容師，她向我介紹了一套由她父親自己研製配方生產出的乳液，而她則在自家小型美容院中銷售。不只是我自己，我的很多親戚和朋友也用這套產品達數年之久。所以，在這位美容師去世之後，我從她的家人那裡買下了這項產品的原始配方。根據自身體驗的效果，我知道這些護膚產品非常棒；只要再做一些改進並且配上高品質的包裝，我敢肯定它們一定會十分暢銷！

我成立公司的主要目的是給女性提供無限制的事業機會。在那個年代，與男性從事同樣工作的女性，報酬往往只有男性的一半。男性總能得到更高的收入，「因為他們要養家活口」，這個理由讓我覺得很憤憤不平。同樣讓我感到憤憤不平的是每次當我向男性主管提出新的想法或建議時，他總是以：「玫琳凱，妳的想法真是婦人之見」為理由來拒絕我。

在這本書當中，我談到了女性確實有別於男性的一些思考方式。這些思考方式並不比男性的思考方式差，也並非水火不容。我創立玫琳凱公司的目的之一就是要營造出一種商業氛圍，讓「以女性的方式思考」不會被視為羈絆。在我的公司，這些經常被視為「女性直覺」的敏銳感覺和才華，將會獲得滋養——而非扼殺。」

和很多自己創業的人不同，賺錢並不是我的主要動力——當然，這並不是說我已經富裕到了完全不需要考慮錢的地步。實際上，我把自己畢生的積蓄都投在了玫琳凱事業上。我的事業必須成功，否則的話我就永遠不會再有開創自己事業的機會了。

一九六三年九月十三日星期五，玫琳凱化妝品公司在達拉斯一間只有五百平方英呎的店面開業了。我二十歲的兒子理查加入玫琳凱，幫助我一起創業，九名充滿熱情的女性成為玫琳凱第一批美容顧問。我們所有人一起並肩努力，沒有明確的分工，只要是公司需要做的事情，我們每個人都會做。我不僅要銷售產品、培訓員工，還要主持業務會議，甚至倒垃圾。

理查負責記帳和處理訂單。多年來我們的公司穩定發展，始終遵循著成立之初就決定遵循的黃金法則，為女性提供無限的機會。

今天，身為玫琳凱公司的創辦人和董事長，我終於可以完成這本從一九六三年就想要寫的書了。我的理論已經得到了事實的驗證。我們的公司已經累積了二十年的成功經驗。

關於領導力的大多數書籍都是男性寫的，也是為男性而寫的。儘管我相信女性也可以從這類書籍中學到很多東西，但我也相信我們不可能完全複製男性的做法，因為我們天生不同。就像美國企業家無法完全複製日式管理風格一樣，女性也無法完全複製男性的管理風格。這並不是說美國人和日本人不能互相學習，他們可以，並且也已經這麼做了。同樣地，女性可以從男性那裡學習到大量的領導技能。同樣，男人也可以向女人學習很多東西。

在玫琳凱，人是我們最重視的資產-這包括獨立的業務團隊成員、員工、顧客和我們的供應商。我們以身為「以所擁有的員工而聞名」的公司為榮。但是，我們重視人的信念並不與我們作為企業產生利潤的需求相衝突。是的，我們始終關注獲利，但卻不一味只以賺錢為依歸。對我而言，P和L不僅意味著盈利(Profit)和虧損(Loss)，還意味著人(People)與愛(Love)。

許多人將我們視為一家謎一樣的企業，但是玫琳凱的成功故事對我而言並不神秘。這家卓越的公司和獨立銷售團隊成員不是透過在「大公司」裡頭司空見慣的「狗咬狗」競爭而取得成功，而是透過對他人需求的關心來取得成功。沒有成千上萬玫琳凱姊妹們的熱情，我們永遠無法擁有今日的成績。我們的方法適用於任何組織，而本書的目的就是要與您分享這些方法。

—玫琳凱艾施，1984

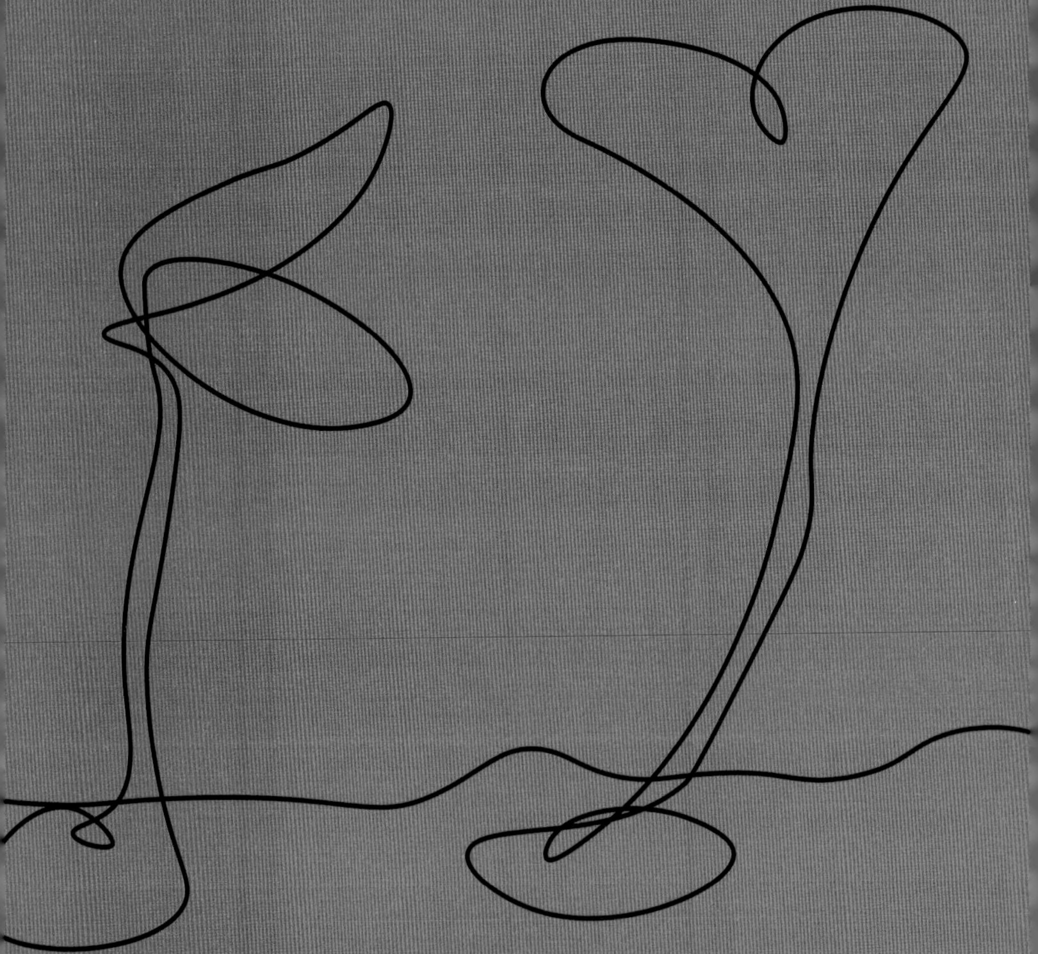

「妳種在別人心中的種子將會帶給您110倍的回報
——所以請只種下妳想要獲得回報的東西。
種善因，得善果！」

——玫琳凱·艾施

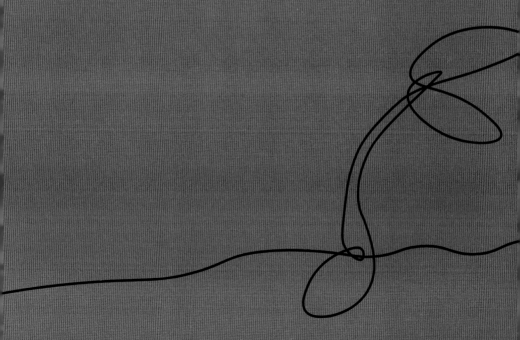

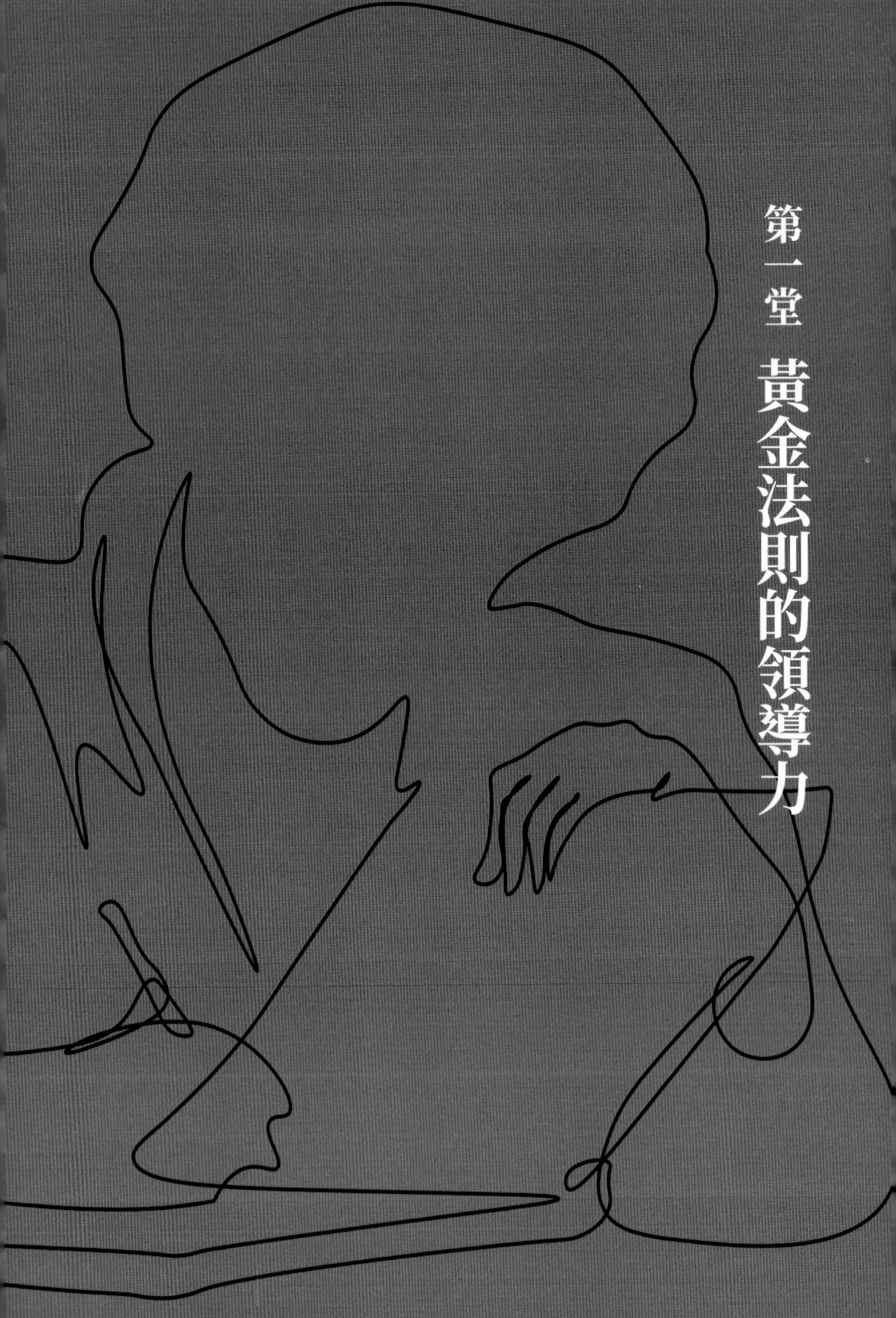

第一堂 黃金法則的領導力

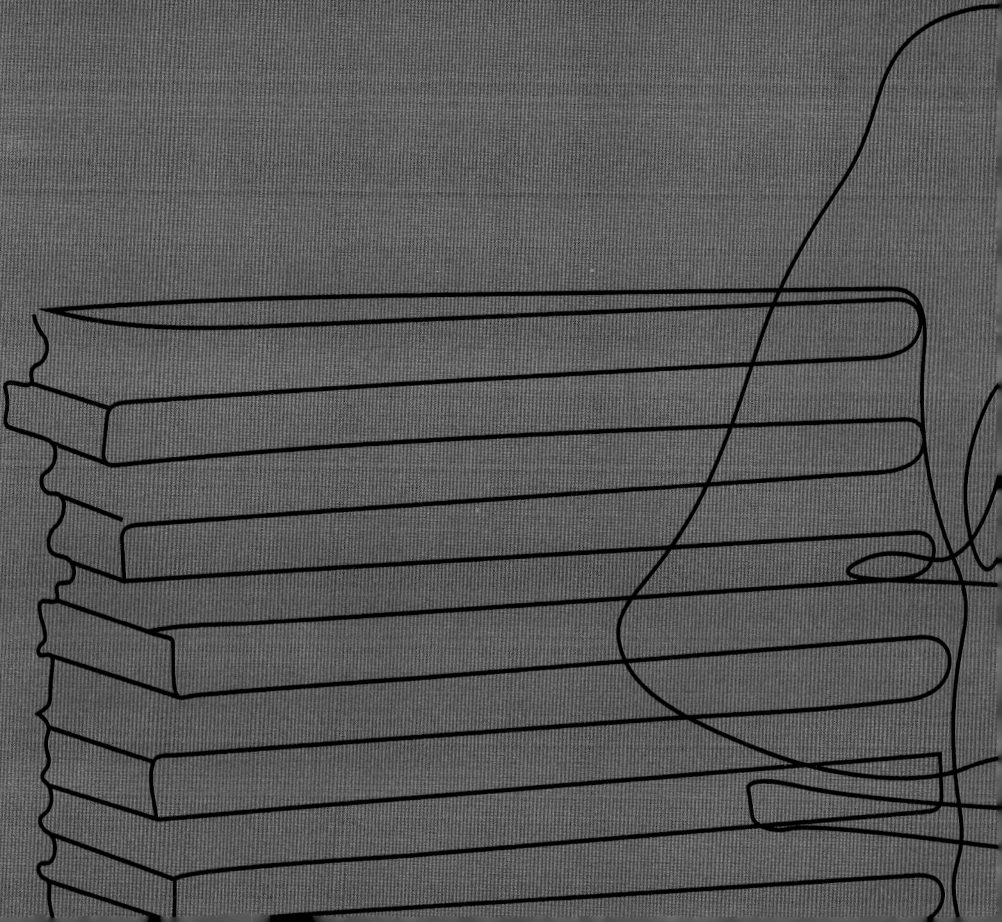

第一堂
黃金法則的領導力

所謂的黃金法則教我們：「你希望別人怎麼對待你，你也應當要怎樣對待別人。」這是《新約聖經》馬太福音(7:12)告訴我們的道理。這項黃金法則迄今仍然適用；當然，這項法則適用於所有人，但是對管理者來說更是完美的行為準則。遺憾地是，今日有許多人都認為黃金法則只是一種煩人的陳腔濫調。但其實它仍舊是管理人的最佳指導原則。在玫琳凱公司，我們對此黃金法則推崇備至，每一個領導決策都根據這項黃金法則來制定。

遵循黃金法則可以帶來成功

當我坐下來寫這本我個人認為公司應該如何運作的書時，我想提供給領導者一份指南，作為與人共事時的典範。身為一個母親和祖母，我的母性本能使我想要為我的同事做一些所有母親都會為子女做的事情——一些對他們最有幫助的事情。我之前花了許多年為他人工作，所以我非常了解為他人負責是怎麼一回事。

從創立這家公司的那一刻起，我就決心採用一種可以激發工作熱忱的領導方式。我發誓自己的公司絕對不能重蹈覆轍，犯下我曾經在其他公司所目睹的錯誤，所有的人應該被一視同仁地公平對待。我常想：「如果我是這個人，我希望受到什麼樣的對待？」直至今日，每當我在想要解決與人有關的問題時，我總會這樣問自己。而每當使用這個方法，即使是最困難的問題，也會在瞬間迎刃而解。

我早期事業生涯中的許多不愉快的經驗教了我很多待人之道。記得有一次，我曾經和另外五十七位業務人員搭了十天的巴士，從美國德州一路開往麻州，前往公司的總部朝聖，那是我們成為業務領袖所獲得的獎勵之旅。那真是一趟糟透了的旅程，途中還有好幾輛巴士拋錨，但我們為了追求彩虹彼端的獎賞仍舊願意忍耐，那個大獎就是——受邀到公司總裁家做客。

但後來變成到工廠參觀，雖然工廠可以是非常有意思，也很適合工作的地方，至少我們的工廠是如此。但我千里迢迢不辭辛苦到了麻州的目的是為了要見到公司的總裁。當我們最後被邀請到總裁家時，卻只被允許在他的玫瑰花園中參觀，根本沒有機會和他見面，真是令人失望極了！不用說，我們五十八個業務員在回到德州的路上都默默不語，感覺非常沮喪。

還有一次，我參加了一整天的業務研討會，我們的業務經理做了一場激勵士氣的演講，我很渴望和他握手。我在隊伍中排了三個小時，好不容易輪到我和他見面，但他從未正眼瞧過我一眼，只是望著我的背後，看看隊伍還有多長，他甚至沒有察覺到我正在和他握手。雖然我明白他很累，但我也是一樣——在隊伍中等待了三個小時，我的疲憊並不亞於他！我覺得很受傷，也感覺不被尊重，因為他根本把我當空氣一樣視若無睹。從那時起，我便下定決心，如果有一天人們排隊來和我握手，我將給每一位來到我面前的人全然的關注，不管我自己是多麼地累！

我很幸運，玫琳凱公司今日已成為一家大公司，我曾多次站在長長的隊伍前，等著跟幾百個人握手長達數小時，不過不論我覺得多累，我總是想起自己從前排隊和那位冷漠的業務經理握手的情形。每當想起當時的情景，我便立即打起精神，直視每個人的眼睛，盡可能地說些比較親切的話，也許只是幾句簡短的閒談，像是「我喜歡妳的髮型」或是「妳的衣服真是好看極了」，我儘可能給予對方全然的注意，而且絕不允許其他事情讓我分心。在握手的當時，我都將對方視為最重要的人。

每個月都會有一批獨立業務督導到達拉斯的總部參觀，並接受培訓。儘管每次都有將近四百名女士，我總是會抽出一天時間和她們一起上課。在她們來訪期間，我會邀請她們所有人到家中喝茶吃餅乾，而且是我自己烘烤的餅乾。我不止一次聽到她們說，「玫琳凱，我從未吃過董事長親手烘烤的餅乾。」你可以瞭解，我從未忘記應邀到總裁家卻未見到總裁的感受，所以我決心在我家中好好地招待銷售隊伍。很明顯，讓她們瞭解我是如何生活的對她們是件重要的事，對她們而言這也是此趟培訓之旅的高潮。我自己非常樂於和她們相聚在一起，我也期待她們來參觀，因為她們對我而言非常重要。

領導者在晉升到公司的高層後，往往忘了他們在未晉升之前所受的不公平待遇，更過分的是，他們會有媳婦熬成婆的報復心理：「我的上司從未傾聽過我的私人問題，所以你也不要用你的問題來打擾我」，或是「我的上司害我得胃潰瘍，我也要如法炮製」。其實，諸如此類的態度只會加深人們的錯誤而已。

以我過去的經驗，原本可以告訴你們許多故事，但令人驚訝的是，當我一幕幕回想起來，我發現那些高層主管並不像他們乍看之下那般冷酷無情且不關心他人。他們大都是值得尊重而且有才幹的人，他們相信自己的所作所為都是對的。只是缺乏同理心，未能設身處地的為部屬著想。他們沒有問自己一個最重要的問題：「如果我是這個人，我會怎樣做？」

在玫琳凱公司的獨立銷售隊伍中，每個人都可以得到不斷發展，而不用求在傳統的公司金字塔當中步步高升；數以百萬計的美容顧問通過直接與顧客面對面的方式獨立經營事業。每一位獨立美容顧問為自己設定工作目標，當她成為獨立業務督導後，其責任則是建立團隊、並且教育與輔導其他的美容顧問。

代訓計畫

在這個夢想的公司裡，我首先希望廢除的是地域的劃分。我曾在幾家直銷公司工作過，當我跟隨丈夫的新工作從休士頓遷到聖路易斯時，我領教過那種不公平的待遇。我原本每月可以透過休士頓的業務團隊賺取一千美元的佣金，那是我花了八年時間打造的團隊，結果當我搬家之後，一切卻化為烏有。我花費極大心血建立與培訓的業務團隊卻讓別人平白無故地接管，我真的覺得很不公平，很不甘心。

因為我們在玫琳凱公司沒有地域劃分，一位住在芝加哥的業務督導可以到佛羅里達度假，或是到匹茲堡拜訪朋友時在當地招募到新的團隊成員。不管她住在美國的什麼地方，她永遠可以從那位新美容顧問所創造的零售業績當中賺取公司提供的團隊管理績效獎金。在匹茲堡的業務督導會將此美容顧問視為自己的團隊成員，予以輔導；這位新美容顧問可以參加匹茲堡業務督導召開的團隊會議，並參加當地的銷售業績競賽。儘管匹茲堡的業務督導在這位新美容顧問身上投入了大量的時間和精力，得到團隊管理績效獎金的卻是住在芝加哥的業務督導，我們稱此為「代訓制度」。

現在，玫琳凱有成千上萬名業務督導，她們大多數人所負責培訓與激勵的團隊中都有不在本州居住的美容顧問。有些人團隊中的美容顧問甚至遍及十多個州。在外人看來，我們的做法不可思議，有人會說：「你們的代訓制度根本行不通！」但是，我們的代訓制度卻進行得很順利。每一個業務督導都能從她在其他城市的美容顧問那裡獲益，同時她們也幫助其他團隊的成員，以此做為回報。

其他公司的人問道：「為何會有人花心力培養代訓的美容顧問，但卻永遠無法從她身上賺到績效獎金呢？我為何要費勁地幫助妳的美容顧問登上成功的階梯，結果卻是妳在那裡坐享其成？我能從中得到什麼好處？」在玫琳凱公司，許多業務督導代訓了上百位美容顧問，卻從未有過這種想法。與此相反，她們想的是：「沒錯，我是在幫她們，可是別人也在其他城市幫我輔導美容顧問啊！」這套制度相當成功，而且據我所知，還沒有別家公司有類似的制度。但這種制度必須一開始就建立，如果是在公司成立幾年後才採用，就不會如此有效了。

當我們開始此項代訓制度時，大家都認為不會成功，但我卻滿懷信心。我之所以如此肯定的原因是，這項計畫奠基於黃金法則之上。在玫琳凱公司，我們稱之為「樂施精神」，這是一種源自於付出的哲學，適用於我們業務的各個層面。

雖然我知道這項代訓制度不是任何產業都可適用，但它可以成為想要建立「幫助他人」哲學的領導者的一種模式。一位優秀的領導者絕不能眼中只看到錢，把人僅僅視為利潤的來源。這樣的態度必須要能夠滲透整個組織，上至高層主管，下至消費者。當每個人都願意主動幫助別人時，每個人都會因此受惠。

說到玫琳凱的銷售方式，我們不希望美容顧問腦子裡總想著：「我能賣給她多少東西？」相反地，我們總是在向美容顧問強調，要想想「我能為她做些什麼，才能讓她在離開這裡時對自己感覺良好？要如何幫助她們擁有更好的自我形象？」我們認為，如果一個女人覺得自己的外表具有吸引力，那她的內在也會因此而充滿魅力。

我知道做為一名美容顧問，在外面奔波忙碌了一天卻一筆訂單也拿不到，回家時兩手空空會是什麼樣的滋味。我也知道當一名業務督導用了幾個星期的時間，為輔導新的團隊成員付出了大量的愛心與關注，換來的結果卻是新人還沒開始工作就選擇放棄，那種感覺有多難受。我自己的職業生涯中也曾有過這樣的經歷。實際上，在直銷行業工作了四十五年，大家能想到的大多數問題我都經歷過。有些管理者總是試圖忘記以前職業生涯初期時遇到的問題，我卻更願意努力去記住自己曾經遇到的困難。我認為重視別人的問題，對領導者來說是很重要的，而最好的瞭解辦法，便是親身去體驗！

在玫琳凱，每個美容顧問都會接受業務督導的輔導和領導。每一位女性進入我們公司時都是從美容顧問做起，當她有一天成為業務督導時，她已經歷過此領域中所有的考驗和困難。我們的培訓計畫有一部分就是讓業務督導自問：「如果我和她兩個人的角色互換，易地而處，我會如何處理這個問題？」用此種「雙重觀點」的方法，好的領袖能夠更好地處理問題，而且將比那些堅持採用由上而下監督方法的人更為稱職。

公平待人

用我所謂的黃金法則來解決管理問題，就是要著眼於對方的優點，並公平對待，而不是利用對方來達到自己的目的。有時，這種觀念會和公司的營利動機相衝突；但我想這兩者還是可以並行不悖的。舉例來說，一個人或許要求不合理的加薪幅度，卻未能回報等值的服務。他也許會拜託說：「我太太剛剛失業，我們還有兩個小孩在讀大學，所以我需要加薪。」一位優秀的領導者也許會表示同情，但他不能答應部屬看似合理的渴望與要求。為了平衡對公司、對這名員工，或所有其他員工的責任，任何領導者都必須能夠堅持說不。

我瞭解這個回答很容易令對方不快，但與其把它視為管理工作中必須忍受的苦差事，我試著將它轉為一個正面的狀況。我希望那名員工能將拒絕變成更高的成就動機，我只用四個簡單的步驟來達成這個目標：

1 我必須讓每位員工相信任何決策都不是武斷的，因此我所做的第一件事是傾聽和複述他的問題；這是向員工保證我全然瞭解他的問題所在。

2 我會將他被拒絕的理由詳列出來。

3 我會直截了當地回答「不行」，這可使對方建立起對你的信任和尊敬。不要讓別人去臆測或猜測你的真正意向。

4 最後，我會試著建議員工經由別的途徑達到他的目的。例如，對那位假想的員工，我會說：「比爾，我對你太太的失業也感到很難過。但你不妨這樣想，她也許可以因此開啟另一份事業，你甚至可以幫她發掘出真正的才華所在。天生我才必有用，每個人都有卓越的潛能。你為何不利用今晚好好和她談談，看看她真正想做的是什麼？」

任何一位優秀的領導者都會以設身處地的態度來處理此類問題，並且尋找最佳的解決方法。但是解決的方法通常不能損害他對公司或組織當中其他人所負的責任，就如同慈愛的父母可以聆聽小孩的請求，但不可能每次都讓他們予取予求。領導者只能儘量因材適用，公平待人，根據表現給予獎賞。遵行黃金法則並不表示公司是半慈善性的機構，也不表示員工不能被解聘或暫時被資遣。有時，領導者為了維護公司的利益，必須執行一些不愉快的工作，也會因此使員工失望或感覺受傷。在這種情況下，領導者必須使用最溫和及最有同理心的方式來資遣員工，這時也是應用黃金法則的適當時機。

我深深瞭解擔心隨時被解雇的焦慮。我曾經和幾十名女同事在一間沒有隔間的大辦公室工作，桌子一排排擺著，大家肩並肩、背靠背。當有人在旁打電話或是隔著桌子叫喊時，真是吵雜得無法工作。在經理的個人辦公室牆上掛著一個黑白相間的大鐘，每日將近下午三點三十分，辦公室的紛亂情況會突然中止。恐懼感開始滲入辦公室中，因為在四點鐘時，經理X先生經常會解雇員工。最後的半個小時我們會安安靜靜地坐著，心懷恐懼地看誰會被「開刀」。如果有人湊巧在那時候被叫進去，我們會屏息凝神，直到她回來重新工作，讓我們放下心頭一塊大石為止。但更常見的情形是，那位同事哭著回到座位上，開始整理她的東西。X先生開除員工的方式是大發雷霆（通常是伴著叫囂），限她一小時內把辦公桌收拾完畢，並限定她不能再踏入他的辦公室。

每當碰到不稱職的員工，我則採用截然不同的方法。第一步是和這位員工商談，看看他/她能否有所改善。我會給予建議並訂下合理的目標日期，這樣他/她才能立即體會到成功的興奮。但如果這種努力失敗，我必須考慮怎麼做對這位員工和公司最好。根據我的經驗，當那位員工失敗時，他/她自己會是最不好受的那個人。

例如，假設我有一名公關部門的員工，她無法在大庭廣眾之下說話——她缺乏一種鼓舞別人的活力——我可以應用黃金法則來解決這個問題。我如果是這個人，我會有什麼感覺？我也許會對她說：「珍，妳已經在公司待了兩年了，我知道妳每次在公共場合總覺得不自在。我也注意到妳參加活動的時候好像接受酷刑一般飽受煎熬。我衷心希望這些都不是事實。但是，珍，我認為這個職位不適合妳。我們關心妳，也希望妳能成功，但妳是否想要試試其他職位呢？」如果我們公司中沒有適合她的職位，我們會主動為她在別家公司尋找一個適合她才幹的工作。我不會像丟棄一份昨日的報紙一般拋棄一位員工。當然，某些領導者會不同意我的觀點，像前面提到的X先生，他們主張一旦你解雇了某人，他就應該「捲鋪蓋滾蛋」。但即使在面臨此種非常少見的情況時，我還是寧願偏向「人性面」，而不願以「在商言商的嚴厲態度」來處理。

我們必須牢記的是，利潤不僅關係到一家公司是否健全，也關係到一家公司是否能維持下去。雖然許多公司的確樂善好施，但是要提供此種社會公益的基本前提，還是在於公司能持續有效地營運並獲利。我們不僅討論黃金法則，同時也希望每一個人都能切實執行。

多年以前，一位激勵演說家到我們公司演講。他在演說中告訴我們，有另一家公司也同樣是以黃金法則做為他們的經營哲學。他說那家公司有人把黃金法則刻在一顆彈珠上。這激起我們極大的興趣，因為我們一向只在口頭上提示黃金法則，而現在竟然有人用有形的東西來代表這個信念。當時有一位業務督導馬上打電話去詢問關於黃金法則彈珠的事情。當她回到我們當中時，帶著一臉不可置信的表情說：「玫琳凱，妳絕不會相信的，提議把黃金法則刻在彈珠上的那個人竟然是一位玫琳凱的美容顧問！」

從那時起，我們已經送出了數千個刻著黃金法則的彈珠。在我這麼做的時候，我告訴大家：「我不能保證這份事業永遠一帆風順，每天都會有問題來到妳的跟前，當妳面臨困難的時刻，我希望妳將這顆彈珠握在手中，捫心自問：『我如何用黃金法則來解決此問題？如果玫琳凱在這種情形下，她會怎麼做？』」

很多人認為，在商業界根本不可能採用這項黃金法則，但在玫琳凱公司，我們卻視此為堅固的磐石，甚至我還認為，不採用這個方式，就不可能達到有效的領導。

「做一個願意與人合作的人。請記得要成功並不一定只靠妳單打獨鬥，也需要仰賴妳隊友的努力與成就。如果妳嘗試什麼事都靠自己，妳的潛能就會受到限制。」

——玫琳凱·艾施

第二堂 公司是由人組成的

第二堂
公司是由人組成的

公司的好壞完全取決於其員工

玫琳凱的銷售團隊想要成長和進步，不用向上爬，而是要向外擴張；這點讓我們獨立銷售團隊擁有對個人價值的肯定。她們知道自己不用和別人競爭，每個人的貢獻都有同等的價值。當某人——任何人——提出一個新構想時，我們都會加以分析、改進，而且最後會獲得整個團隊的熱情支持。

事實上，一家公司的好壞完全取決於其員工。大多數公司可能會說資產負債表是他們最重要的資產，但在玫琳凱，我們認為獨立銷售團隊的成員和辦公室的員工才是我們最重要的資產。許多公司的高層主管向股票分析師誇耀公司的產品線、新的辦公大樓和最先進的生產設備，但是卻從來沒有提及他們組織當中的人員。當然，資本資產對成長而言至為關鍵，但員工本身才是事業的主體。每一次我們和分析師碰面時，我們公司裡最棒的員工才是我們談話的主題。

仔細觀察任何一家偉大的企業，你會發現人才是讓它們脫穎而出，領先群倫的關鍵因素。卓越的公司是由卓越的人才組成。如果你對此有任何疑問，請看看公司併購所導致的一連串失敗。例如，併購方用自己的主管來取代被併購方的主管，或是併購方不知如何正確管理被併購的公司，導致有經驗的員工紛紛自動離職出走。

我記得有一家企業集團買下一家生意興隆的速食連鎖店之後，解雇了原有的高層主管，全部用自己的人代替。在十八個月內，這家原本非常賺錢的連鎖店竟然出現了赤字！問題就在於併購方不瞭解他們所購買的不只是上百家的餐廳和設備，他們購買的東西當中最有價值的資產是原來的經營團隊，他們才是知道如何經營此連鎖店的人。解雇他們，當然會使這項併購案迅速變成一門虧錢的生意。同樣地，還有許多公司也犯了同樣的錯誤。

公司是由人組成的——沒有人的參與，公司的正常運作能力就會大大受到威脅。目前，越來越多的併購公司要求被併購公司的主管繼續留職一段時間，也用許多誘人的績效合約來吸引這些有經驗的經理人繼續為其創造業績與利潤。就像我們在德州常說的一句話：「假如東西還沒破，就不要去修它，免得弄巧成拙。」

一九六三年，我對化妝品行業還沒有絲毫經驗，我的專長是招募和訓練銷售人員。在我獲得這項護膚產品的配方後，我做的第一件事是儘可能在我知道的範圍內，找到最有名氣的化妝品製造工廠。明確地說，我希望合作的對象不止能夠生產優質的產品，同時也會嚴格遵守美國食品藥物管理局的相關法規。我知道投機取巧的做法會是將來的致命傷，只要找到對的人來管理，我們日後就不用擔心生產的相關環節出問題。

我的兒子理查加入我們公司時，還是個年輕的小夥子，幾乎沒有任何工作經驗，不過，他非常聰明，而且他瞭解當有任何需要完成而我們又無法做到的事情時，我們可以雇用專家來幫我們處理。所以在我們公司成長的過程中，我們總會尋求專家來助我們一臂之力。我們一步一腳印地打造我們的公司。我們不僅找到了最好的化妝品製造工廠，同時我們也找到了會計、法律、通路及其他各領域的專家。另外，行銷雖是我的專長，但有時我也需要此領域中具有其他才能的人來協助。

隨著玫琳凱業務的發展壯大，我們能夠吸引到最優秀的全職人才加入，並且我們也願意為最優秀的人才提供最佳的待遇。就雇用人才而言，公司付出多少就會獲得多少。在利潤分享計畫和其他員工福利上，我們也相當具有競爭力，豐厚的薪資條件讓我們培養出一群工作努力且高效的員工團隊。

優秀的人才值得好好留住

你可以藉高薪吸引優秀的人才，但訓練並留住他們，則是截然不同的另一回事。在玫琳凱公司，我們對每位加入我們的員工都付出了許多愛與關懷。我們認為花了六個月的時間訓練一個人，如果任其離開，是一種金錢和時間的損失。所以，一旦我們招聘新人，就會盡全力留住他。如果發現他不適合該部門，就儘可能將他調到合適的部門。像一年前我的一位助理秘書，她做事很謹慎，但進入公司四個月後，卻似乎仍無法處理她的工作。她喜歡我們公司，我們也喜歡她。在她身上投資了這麼多時間和金錢後，失去她實在太可惜了（不論是對她或對我們自己而言）。我想公司裡必定有非常適合她的職位，只是必須花工夫去找罷了。在和她深談並問了許多問題之後，我們將她轉到會計部門，事後證明她在該部門有一流的表現。優秀的人才是很稀有的——所以一旦發現了他們，就得儘你所能地留住他們！

就像著名的通用汽車前總裁史隆(Alfred Sloan)曾說過：「你可以拿走我的資產——但將我的組織團隊留給我。五年內，我一定可以將那些資產再賺回來。」

「當嬰兒哭泣時，我們會抱起他們，他們就會停止哭泣。他們哭主要是想要吸引注意——而且想要被愛。雖然我們對愛的渴望沒那麼明顯，但我們其實一輩子都在渴望被愛。在全世界每一個文化當中，人們都渴望被表揚與接納。」

——玫琳凱·艾施

第三堂 一塊隱形的牌子

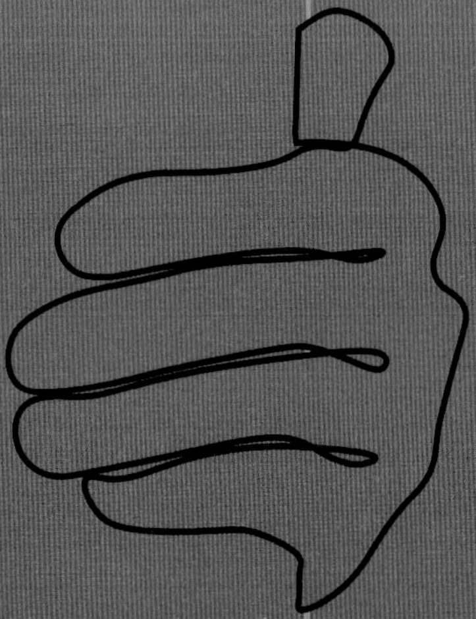

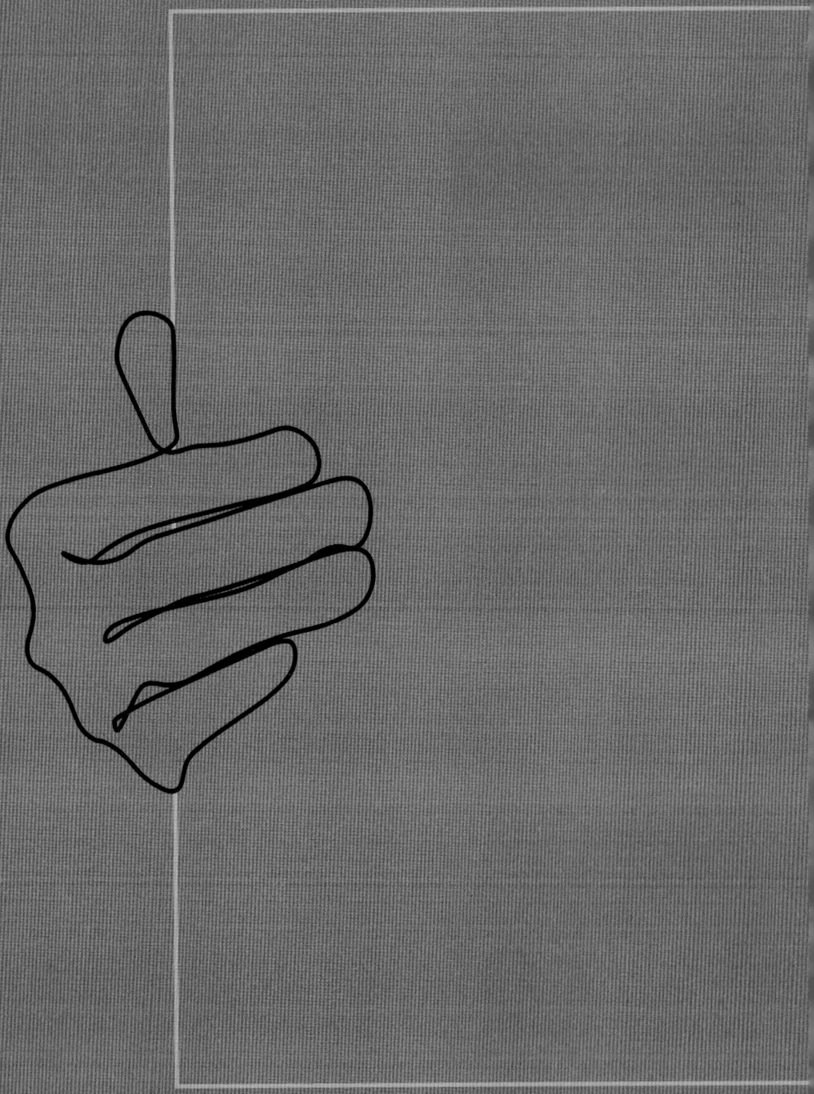

第三堂
一塊隱形的牌子

每個人都是特別的！對此我深信不疑。每個人都希望感覺到自己很棒，但對我來說，讓對方覺得他們自己很棒也同樣重要。每當我見到某個人，我就會想像對方身上掛著一塊隱形的牌子，上面寫著：「讓我覺得自己很重要！」（Make me feel important!）我會立即回應這塊牌子，結果每次都有意想不到的神奇效果。

不過有些人自視過高，他們無法了解對方也同樣希望覺得自己很重要。

我之前有提到過，我曾經有一次排了好幾個小時的隊伍，只是為了和公司的業務經理握一下手，可是在我們握手的時候，他卻對我視若無睹，當作空氣一樣不存在。我確定他一定不記得這件事；事實上，他也許根本不知道他讓我感覺有多麼受傷。在多年之後，這件事對我而言仍歷歷在目，想必它的確對我有極大的影響。那天，我從他身上學到重要的一課：不管你多忙，你都必須花時間讓別人感覺他是重要的！

多年前我想買一輛新車，當時雙色塗裝的車款剛上市不久，我看中了一輛黑白相間的福特轎車。由於我一向不喜歡購買我無法負擔的物品，所以我總是先存到足夠的錢，然後再一次付現。這部車是我要送給自己的生日禮物，我把現金裝在我的包包裡，然後前往福特的經銷商展示中心。

很顯然地，那位業務員並不把我當一回事。他看到我駕駛著我的舊車，就斷定我買不起新車。在那個時代，女性申請銀行貸款不像男性那麼容易，因此很少有女性能夠為自己買車。我似乎不是業務員心目中的「財神爺」，那位福特汽車的業務員根本不願給我任何時間。如果他的目的是要讓我覺得自己不重要，那他真的是成功了。那時正是中午，他以急著赴午餐約會為託辭先走了。由於我急於購買新車，所以我要求見業務經理，但他也不在，要下午一點才回來。為了消磨時間，我決定散個步再回來。

我去逛了對街的水星牌（Mercury）汽車展示中心——我只是隨便逛逛，心裡還是想買之前那輛黑白相間的福特汽車。此時，店裡展示著一輛黃色的轎車，儘管我非常喜歡，但這輛車的標價卻遠遠超過我的預算。然而，那位業務員十分殷勤，讓我覺得他是真正關心我。當他知道那天是我的生日，他馬上告退一會兒，十五分鐘後，一位秘書帶來一打玫瑰，他把玫瑰送給我，慶祝我的生日。那時，我真的受寵若驚，覺得自己受到無比的重視！毋庸置疑，我買了那輛黃色的水星牌轎車，而不是我原來想要的福特汽車。

那位業務員之所以能達成交易，是因為他讓我覺得自己很重要。他不在乎我是一位開著舊車的女性。在他的眼中，每一個人都很特別。他看到我身上那塊隱形的牌子了。每一位領導者都應該瞭解，上帝在每個人身上都種下了偉大的種子，所以每一個人都是重要的。而一位優秀的領導者就是要使這些種子開花結果！很不幸，大多數人在老死之前都未能完全發揮他們的潛力！有人說我們只使用了上天賦予我們的百分之十的能力而已，另外百分之九十是我們從未去開發的。看看摩西奶奶（Grandma Moses）吧，她七十六歲才開始作畫，後來竟成為舉世聞名的藝術家。顯然她早年就具有藝術天賦。如果摩西奶奶一輩子都沒有發現上帝賦予她的藝術天賦，那豈不是件非常遺憾的事？

讓人們覺得自己很重要—因為他們真的很重要

我相信每個人都有能力達成一些重大的成就，基於這種想法，我認為每個人都是特別的。經理人應該對人們抱持這種看法，但這種態度是裝不出來的，你必須真心相信每個人都是重要的才行。

這是基本的一課，你以前也許聽說過許多次，可是我還是要提醒你，因為有太多商業人士在工作時都忘了秉持這個原則。「生意就是生意，玫琳凱，」他們告訴我，「妳不必用那種方式來對待員工啊！我的員工不該指望我，使他們覺得重要並不是我的工作。」

但是他們錯了。讓人們覺得重要正是領導者的工作——因為讓人們覺得重要，會鼓舞他們有更好的工作表現。洛克菲勒（John D. Rockefeller）說過：「我願意付出最多的薪水給那些擅長待人的人。」高昂的士氣是增進生產力的重要因素，優秀的領導者應該不斷地勉勵組織內的每一位成員，以提高他們的自尊。

根據我與員工相處的經驗，他們通常能完成你期望他們完成的工作。如果你期望他們表現良好，他們就會表現良好。相反地，如果你預期他們表現差勁，他們也許就會表現失常。我相信一般的員工都會盡最大的努力，去符合你對他們的期望；同時他們的表現，也會比那些缺少自尊的員工更佳。鼓勵你的人員努力發展他們從未探索過的百分之九十的潛能，他們的工作表現就會突飛猛進！

領導者如何使人員覺得重要呢？首先，是聆聽他們的意見。讓他們知道你尊重他們的想法，讓他們有機會表達自己的意見。在聆聽的過程當中，你或許還可以獲得額外的收穫，學習到一些東西。有一次，我的一位朋友告訴我一個故事，一家大型零售公司的老闆告訴他的一位分公司經理說：「你不可能告訴我任何我沒想過的問題，所以除非我問你，否則你不需要告訴我你有什麼想法，明白嗎？」想想那位經理會喪失多少自尊，這必定澆熄了他所有的熱忱，大大地影響了他的表現。當一個人的自尊受挫時，活力也會降低。反之，當你讓一個人覺得重要，他或她就會感覺置身於九霄雲端——活力四射，隨時蓄勢待發。

沒有權力的責任可能反而有害無益

當人們被賦予責任時，他們也會覺得自己很重要。但徒有責任沒有權力，可能會摧殘一個人的自尊。你曾經注意過一個小女孩第一次被派去照顧她弟弟的反應嗎？她會興奮異常，因為她獲得了和成人一樣的地位。但如果她被賦予了照顧她弟弟的責任，她也就應該有權力在弟弟不乖的時候，要求他早點上床睡覺。那位零售公司的老闆不僅不聆聽分公司經理的意見，同時也剝奪了他做任何決策的權力。最後，那位經理由於失去自尊，便離開公司跳槽到另一家主要競爭對手的公司去了。在那兒，他不但被指派責任，也被賦予權力，他開始對自己有信心，並且為他的新老闆提供創新的零售觀念。由於他的貢獻非常有價值，因此他迅速被拔擢到比他的前老闆還要高的職位。

一位律師告訴我，他的事務所為當地銀行主管所安排的一場會議。這場午餐會議原先是他的一位合夥人負責，他只派人到附近的熟食店買了一些冷肉切片就草草了事，使得這家事務所未能在這些銀行主管心目中留下很好的印象。後來，事務所幾位其他的合夥人抱怨，於是幾個禮拜後，一名女職員被賦予了這項責任，同時也被賦予權力去安排與另一家銀行的午餐會議，並有稍微高一點的預算。

在瞭解這場午餐會議對事務所的重要性後，這名女職員對自己能夠肩負此重責大任感到非常榮幸。於是，她前一天晚上便在家裡準備好了開胃菜冷盤，並訂了一些大樓內餐廳外送到會議現場的熱食。這名女職員成功地扮演了女主人的角色，和每一位走進事務所辦公室參加午餐會的銀行主管寒暄致意。她之所以能將工作做得如此完美，正是因為她被賦予了主辦午餐會議的重大責任，讓她覺得自己很重要。那次會議十分成功，事務所收到了多封銀行主管讚美這場午宴的感謝函，不久之後，這家銀行便開始將部分法律業務交給這家事務所處理。

讓人們知道你賞識他們

你要經常讓你的部屬知道你是多麼賞識他們，這是我對你的建議。我還沒見過不喜歡被讚美的人，如果你也如此認為，那你就應該經常表達你對他們的欣賞。甚至只是稱讚他們準時上班，對方就知道你重視守時這件事情。「我認為那真是太好了，傑克，你每次都能在八點鐘準時上班。我真敬佩能夠守時的人。」對你的部屬說這些話，你會發現他以後遲到的次數就更少了。或許，你喜歡某個人的彬彬有禮或紳士風度，每個人總有某些可讚賞之處——就讓他知道，不要藏在心裡！

在玫琳凱公司，我們總是將美容顧問和業務督導放在最崇高的地位。在所有人當中，我最認同她們，因為我當過多年的業務員。我讚賞她們的態度也展現在公司的所有言行舉止當中，例如，當我們的業務督導到總公司參觀時，我們會鋪紅地毯歡迎她們，公司的每一個人也會盛情地招待她們。

你也許聽說過，在玫琳凱我們會根據銷售業績，授予優秀的業務督導粉紅色凱迪拉克轎車的使用權。據我所知，我們是第一家提供這類豪華品牌汽車給這麼多人使用的公司，我們選擇凱迪拉克，因為這個品牌是卓越的典範。人們總是認為能夠駕駛粉紅色凱迪拉克的業務督導是非常出色的，這表示她對我們的組織非常重要。當然，一旦她得到了如此重要的地位，她就再也不願放棄此項殊榮了。

我們的一切都是第一流的，儘管代價很昂貴，卻很值得，因為我們的團隊應當覺得自己很重要。例如，每年我們總會招待銷售最佳的業務督導和她們的先生參加豪華的海外假期，到香港、曼谷、倫敦、巴黎、日內瓦、希臘等地。我們不吝惜任何花費，儘管讓每一個人都乘坐協和號噴射機、愛之船豪華郵輪，或入住巴黎喬治五世四季酒店的套房會花費很多額外的成本，但這樣才能表達她們對我們公司有多重要。即使在習慣於各種盛大排場和典禮的城市裡，我們也能夠吸引非常多人的注意。街上的行人會駐足觀賞我們美麗的女士們從旅館被護送到豪華禮車上，好奇地想知道她們是誰。而那些女士都感覺自己獲得王公貴族一般的對待，的確，對我們來說，她們也真是如此。

一開始，我們就確定要給我們的銷售隊伍第一流的東西，如果某樣東西實在太昂貴了，我們寧願放棄不用，也不會用二流的東西來替代。例如，我們寧願一年舉辦一次高級的晚宴，也不要舉辦兩次普通的晚宴。為何我們要如此呢？想想你到一流餐廳參加晚宴時會感覺自己有多重要——一切都獲得完美的安排—侍者領班熱忱的招待、精心調製的美味佳餚等等，給予你的滿足感，實非二流的晚宴所能比擬的。

就如同一流的餐廳讓顧客覺得自己很特別一樣，我們也竭盡所能讓銷售隊伍有同樣的感覺。如果她們沒有這樣的感覺，便是我們沒有做好我們的工作。我想每位領導者都必須記住每人胸前那塊隱形的牌子：讓我覺得自己很重要！

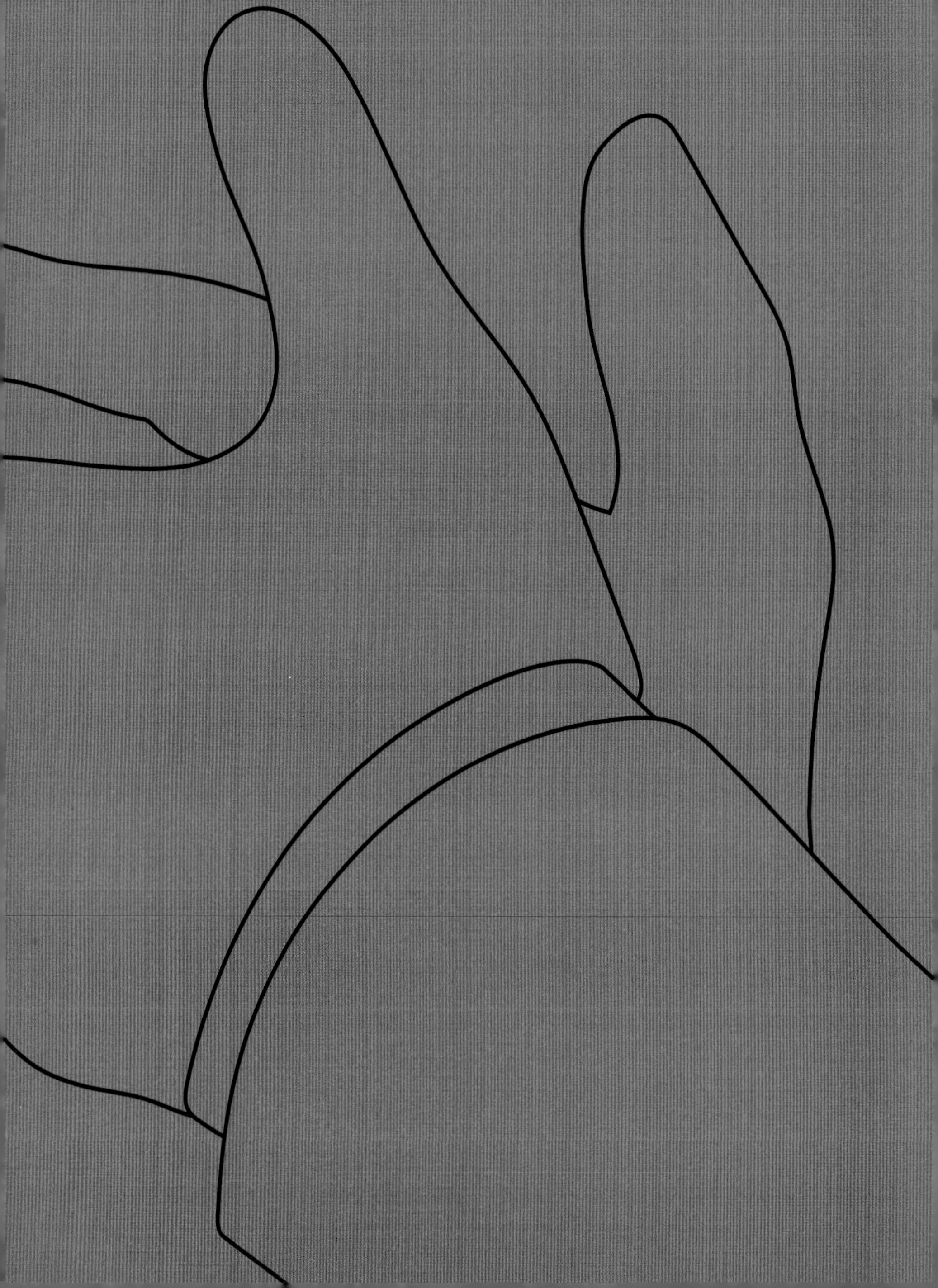

「每個人都想要被欣賞，

所以如果你欣賞某人，就不要藏在心裡。」

—— 玫琳凱·艾施

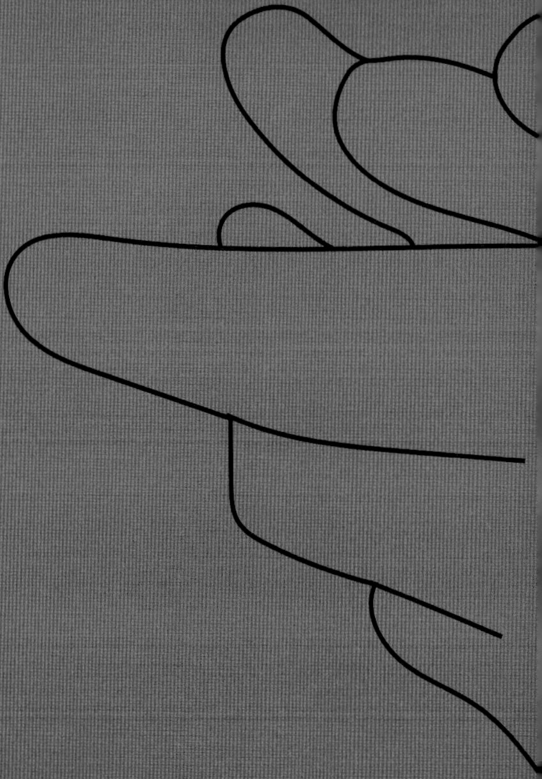

第四堂　讚美使人成功

第四堂
讚美使人成功

我認為讚美是領導者激勵他人的最佳方式。在玫琳凱公司，我們認為讚美是最重要的，我們整個的行銷計畫都以它為基礎。對大多數女性來說，她們最後一次接受的掌聲可能是來自高中或大學的畢業典禮。現在，好像只有選美皇后和電影明星才能得到人們的掌聲。一位女性可能從早到晚忙著照顧家庭，只有沒有善盡照顧家庭的責任時，才會聽到別人對她的批評！

成功來自於積沙成塔

給予讚美是玫琳凱行銷哲學的基礎。在各種場合中，我們總是不吝惜地立刻給予讚美。事實上，我們從某人成為美容顧問時即已開始這種做法。在美容課中，當我們為一位女士做完臉之後，我們的美容顧問會請來賓彼此評論一下對方的肌膚狀態有什麼改善。這些來賓不僅外表變美了，她的內在和外在也感覺更棒！當一位女性對自己有正面的感覺時，不僅能引起她對我們產品的興趣，通常還可以激發她做美容顧問的興趣。這對大多數女性來說，都是一個很棒的新體驗——她們已經很久沒有聽到讚美了。當她成為一名美容顧問，舉辦第一次美容課時，她的業務督導總會找出她的優點來讚美她。不管她在第一次美容課中犯了多少錯誤，這位新人總會被稱讚她哪裡做得好。儘管她的反應通常是：「我什麼地方錯了？」我們的回答是：「讓我們談一下妳做對的地方！」。就像英國知名小說家毛姆（Somerest Maugham）曾說：「人們嘴上要你批評他，其實心裡只想聽到讚美。」在讚美過美容顧問的優點後，這位業務督導才會提出批評，但總將批評像三明治似地隱藏在兩層厚厚的讚美之間。更好的做法是，如果這個例子是大家都有興趣的，就會在下次團隊會議中被提出來討論。

多年前，我就知道海倫．麥克沃伊（Helen McVoy）會在銷售隊伍中出人頭地，因為我曾經聽到她在我辦公室門外和一名新進美容顧問的談話：「妳一堂美容課賣出三十五美元的產品，實在是太棒了！」她熱心地說。

即使在那時，三十五美元也並非是很好的銷售成績，我無法想像她到底是在讚美誰，所以我走出辦公室，想瞧個究竟。「玫琳凱，」海倫看到我便興奮地說，「讓我向妳介紹我的新美容顧問。昨晚，她在美容課中賣出三十五美元的產品！」海倫稍做停頓，接著壓低她的聲音說，「她前兩堂美容課完全沒有銷售業績，但昨晚她竟然賣出三十五美元，那不是很棒嗎？」我立即明白，要不是海倫的讚美和鼓勵，她的新美容顧問一定不會再留下來上第四次美容課。海倫是藉著讚美來使她成功。這種讚美的確具有建立個人自信心的神奇功效。如果一個人的每個小成就都受到讚美，他就會有信心去嘗試更大的成就，這也就是「成功來自積沙成塔」的道理。

一個還不會走路的小孩搖搖擺擺地用雙腿站起來，向前挪了一小步，又跌坐下來。「啊！好棒！」他的父母會開心地大聲說：「再來，再試一次，小寶貝！」他的父母會趴在地上，為小孩走出的每一步鼓掌。小孩一再地接受讚美，直到他真正學會走路為止。沒有父母的讚美，我們許多人現在也許還停留在爬的階段！

嬰兒從無意義的牙牙學語，到真正學會說話，也是如此。當嬰兒說：「吧……吧，」做父親的馬上就會將此翻譯成「爸爸」。「你聽到了嗎？」驕傲的父親興奮地叫著，「她叫我爸爸！」於是他會抱起孩子，摟她親她。「妳真是個可人兒，爸爸好愛妳哦！」由於讚美，這個小孩受到鼓勵學講話

——到後來她真的會說了。我相信要成為一位優秀的領導者，你必須瞭解讚美別人可以使人成功的價值。

讚美是一種有效而且不可思議的激勵力量，很不幸，許多經理人卻不願意加以運用。我覺得他們根本不瞭解讚美對別人或對自己的意義。上次你對同事說：「你知道嗎，你真的很棒！我很欽佩你在公司的工作表現」是什麼時候的事了？

我相信你可以在任何時候讚美別人，而此種讚美對他們來說，就像荒漠中的甘泉一般。我們的一位行銷主管採用了一個聰明的辦法來讚美長時間加班的員工。她們當時正在籌備玫琳凱的年度研討會——那是一年一度為銷售隊伍舉辦，為期三天的盛大聚會。我們預期有超過兩萬名的女性將到達拉斯參加這次盛會。不用說，行銷部門已準備了好幾個月，並且計畫在會議期間二十四小時全天待命。所有的員工及他們的配偶都被邀請參加一個名叫「脫帽致敬」的餐會暨舞會。那是一個很有趣的派對，包括員工配偶在內一共有一百多人參加。這個舞會有個一語雙關的主題，要求每位參加者都要戴上一頂有趣的帽子。雖然餐會上沒有安排演講，不過在整場派對當中，這位行銷主管繞行全場，帶著不同的帽子向多位部屬脫帽致敬，他大概帶了幾十頂帽子參加這場派對，每次他向部屬脫帽致敬時，他總會讚美對方的表現有多好。「嘿！你真是做得很好！」別人聽到他跟一位負責我們公司內部刊物的女士說，「我不知道妳是如何辦到的，每一期都那麼精彩，其他公司的刊物根本不能和我們相比，還有此次研討會前的促銷專題真是太棒了。」

我很認同這種表揚的理念，我真的相信，在價值一百美元的表揚儀式之下送出價值〇．四美元的禮物，其效果可能要比以價值〇．四美元的表揚儀式送出價值一百美元的禮物有效一千倍。這個道理我當然知道！記得有一次我為了一次招募競賽不眠不休地工作了兩個禮拜，只為了贏得一條緞帶，上面寫著「達拉斯小姐」（那是我成為「達拉斯小姐」的唯一辦法）。我那麼努力並不是為了那條緞帶——而是為了爭取它所代表的榮譽。

在我們這樣一個以目標為導向的公司架構當中，正面激勵的力量絕對不容輕忽。表揚能激勵我們的美容顧問發揮出她們最大的潛能。當然，玫琳凱公司給那些達成目標的美容顧問的獎賞絕不只是緞帶而已。除了粉紅色的凱迪拉克轎車之外，我們還送出了許多奢侈品，例如鑽戒以及令人難忘的海外旅遊。鑽石大黃蜂別針是玫琳凱公司的最高榮譽象徵，其有如皇冠上的寶石一樣尊榮無比，得主會獲得如皇后一般的表揚。這些特殊的禮物都是在年度研討會的舞台上，頒發給那些在銷售、招募和團隊業績上有卓越表現的優勝者。在頒獎之夜，司儀會宣佈優勝者，然後以類似給美國小姐加冕的盛大方式頒發獎項給她們。再加上許多對她們的讚美之詞，包括我兒子理查和我對她的讚美。

鼓掌是有力的讚美方式

在年度研討會上，我們的銷售隊伍經常受到讚美和表揚，她們會站在數千名姐妹面前接受長時間熱烈的掌聲。報紙和雜誌記者描述這種盛況達到了讚美的「極致」型態，當然，這正是我們希望達到的效果。

掌聲是有力的讚美方式。想想那些男演員和女演員是如何賣力地為此種讚美付出，追求那萬分之一登峰造極的機會。那些有機會面對現場觀眾的表演者，必須每晚重複同樣的台詞，他們為什麼如此努力？就是為了從讚賞他們的觀眾那兒獲得掌聲！儘管超級巨星的收入極高，但我確信驅使他們追求卓越表現的，並非單純只是金錢報酬這個理由而已。

盡可能給予最多的表揚與讚美

我們知道人們都需要獲得讚美，所以我們會齊心協力儘一切可能去讚美他們。當然，像我們這麼大的一家公司，並不是人人都能在年度研討會上發表感言，但我們確實努力想讓更多的人有機會站上舞台，即使是短短幾分鐘也好，這就是對他們成就的獎勵。

這種短暫的上台經歷真的那麼重要嗎？坦白說，我認為一位女性上台接受同儕的表揚讚美，比收到昂貴的禮物而沒人知曉更有意義！而且，一旦她嚐到這種表揚的甜頭，明年就還會想要上台獲得更多的讚美。

最近我曾應邀到一家卓越的製造業公司的年會演講。當晚，我受邀參加他們的頒獎晚宴。席間，我看到幾位代理商穿著海軍藍的運動外套，我不禁注意到那些外套有多麼不合身，很顯然這些衣服並未獲得適當的量身剪裁。「他們為何穿著那樣子的外套呢？」我問一位公司的高級主管。「喔，他們是我們最傑出的代理商。」他告訴我。在整個晚宴過程中，我總是等著有人演講來表揚這些傑出的代理商，我以為這將是整個晚宴的高潮。晚餐後有一位知名歌星演唱，然後天花板上開始飄下氣球。我心想：「在這個氣氛下開啟晚宴的表揚環節倒是個好方法。」但節目到了尾聲，晚宴卻也就此結束，人們開始陸續離場。

「怎麼沒有頒獎？」我問那位高級主管。「喔，他們已經拿到獎品了——就是那件海軍藍的外套，我們特別把那件外套送到他們的旅館房間的。」我驚訝極了！我不能想像一家公司舉辦了一場頒獎晚宴，卻沒對其卓越的人員公開表揚。在玫琳凱公司中，我們從不放棄任何一個給予表揚的機會。我相信對他們而言，起立接受掌聲喝采要比收到海軍藍外套的意義深遠得多。

我們給予讚美的另一個機會是我們每月發行的《喝采》雜誌。除了分享產品資訊之外，這本雜誌的主要目的就是給予表揚。《喝采》雜誌採用全彩印刷，發行量和許多著名的全國性雜誌不相上下。我經常對我們的美容顧問和業務督導說：「妳注意到了嗎？每次當妳的名字印在《喝采》雜誌上時，這本雜誌變得多麼好看！而當妳的名字不在上面時，是否就覺得它讀起來沒那麼有趣了呢？」

每個人都希望看到自己的名字被印在上面。但由於每一期《喝采》雜誌只允許刊登少數人的名字，所以我們鼓勵每位業務督導製作自己的團隊通訊。我們強烈建議通訊中要盡可能地包含更多被認可表揚者的姓名。如此一來，在一個有百名成員的團隊中，每位美容顧問都有公開被表揚的機會。我們同時也有一份月刊是專為我們的業務督導製作的，稱為《業務督導通訊》。另外還有一本月刊是為公司員工發行的。我們相信成功的刊物必須具備四要素——表揚、資訊、教育和激勵——當然最重要的目的還是表揚。

常常有男士對我說：「算了吧！玫琳凱，或許妳的公司有人會為贏得妳頒發的緞帶、為了站在台上接受廣大觀眾的掌聲，或為了在刊物上獲得表揚而努力，但那絕不會是男性努力工作的目標。」當我聽到這種評語，總是笑而不答。你是否注意到一位六尺七寸高，二百七十五磅重的美式足球線衛頭盔上代表每次成功擒抱對手的星星？由此可見，男性為了讚美和表揚同樣願意冒出生入死的風險！

一個有趣的現象是，有些人習慣貶低別人對他們的讚美。事實上，我們的一位男主管就經常說：「讚美是不錯，但我個人並不需要讚美。我的自尊不需要此種激勵——留著給別人用吧！」坦白地說，我根本不相信他的話。他就和其他表示不喜歡這種方式的人一樣，暗地裡也都渴望得到讚美。我知道這位男主管每次受到讚美時，都會發出有如小貓般滿足的咕嚕聲，可見他也和我們大家一樣，都是喜歡被人讚美的。

身為經理人，你必須瞭解每個人都需要得到誠摯的表揚與讚美。但是讚美必須要真誠。如果你認真尋找，你會發現有許多讚美員工的機會。一旦發現了，就應該馬上去做。員工會在表揚與讚美中茁壯成長，我們也應該不吝提出讚美和表揚。

「韌性和毅力是在事業上成功的重要特質。
但是要成功不僅於此。真正的力量必須要關心與支持他人的感受。」

—— 玫琳凱·艾施

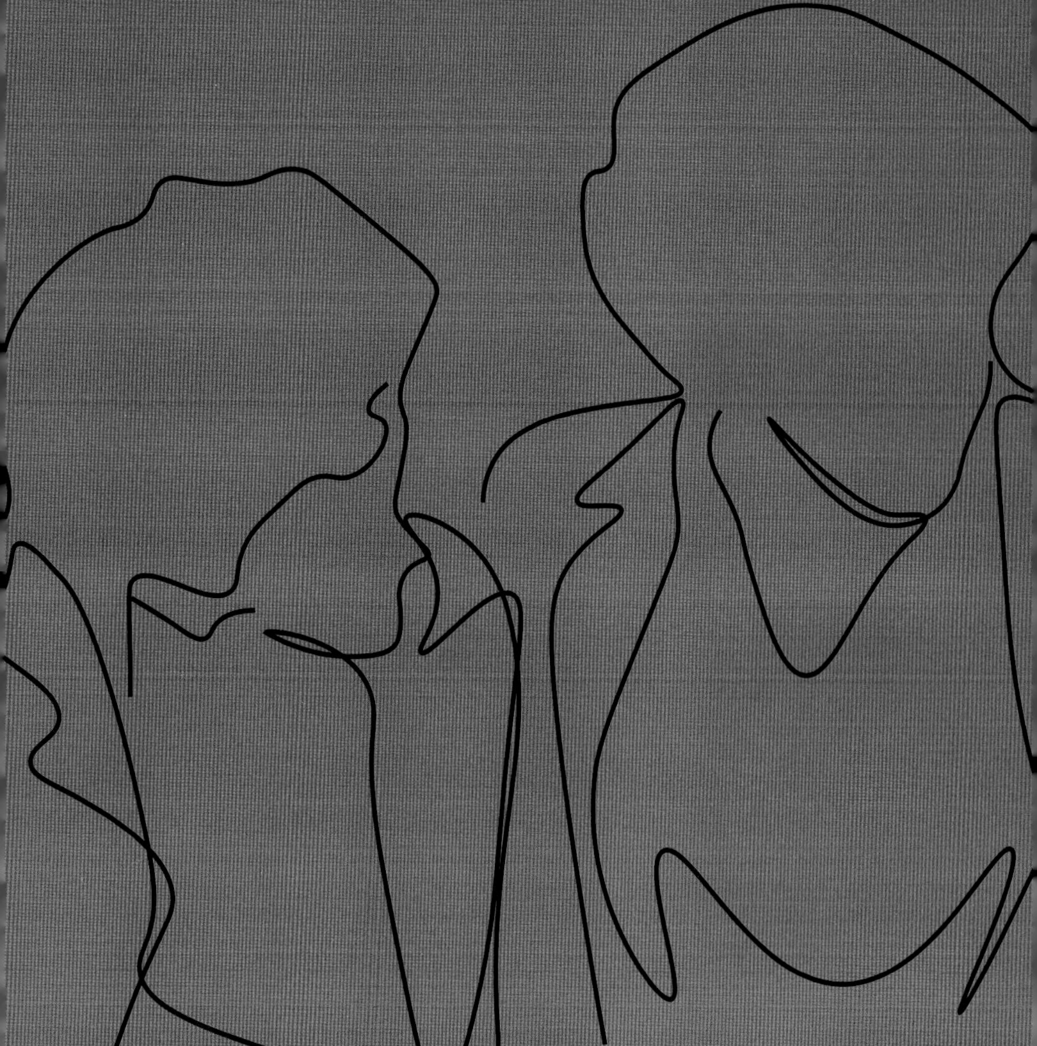

第五堂　贏家的溝通方式：先聽再說

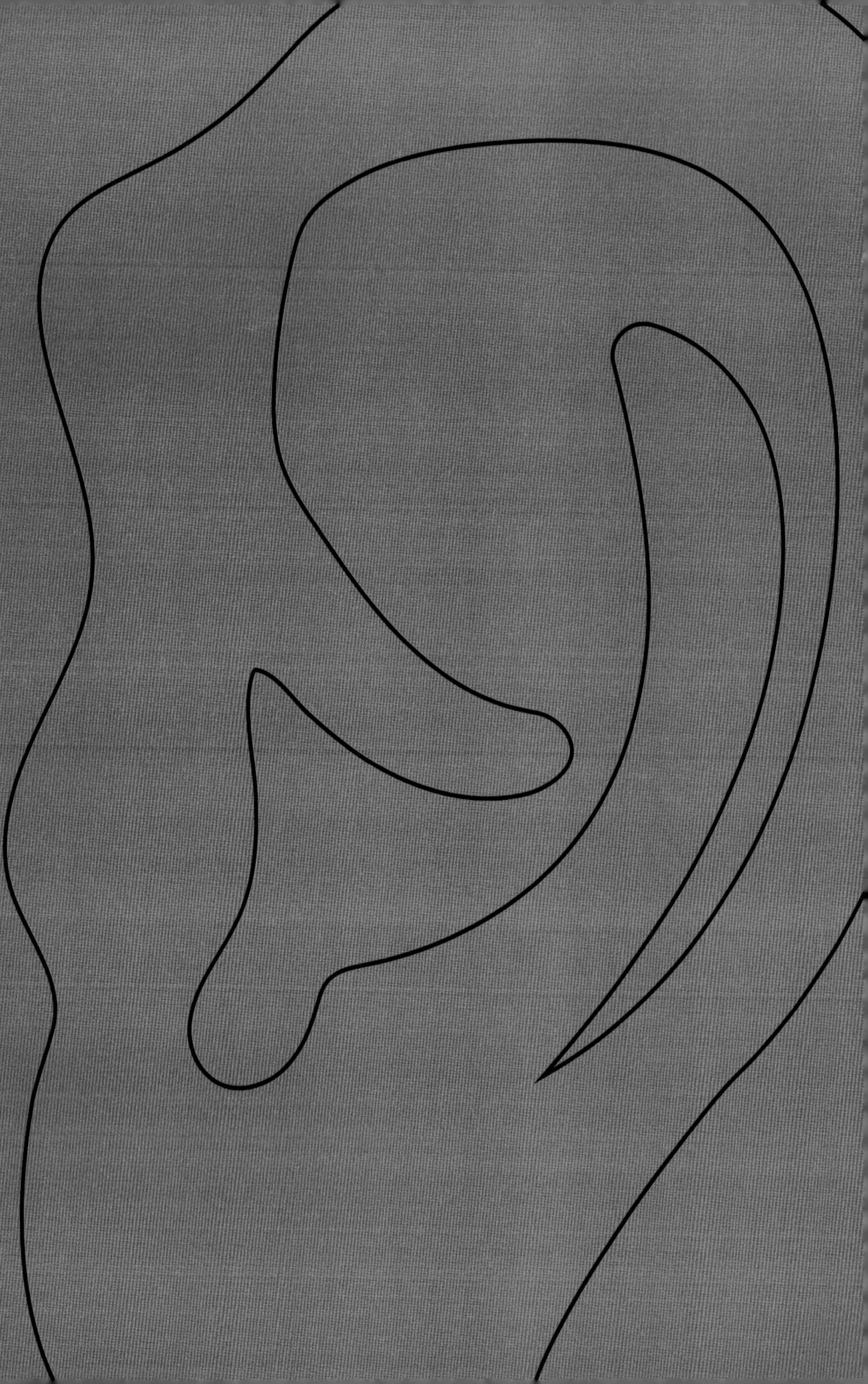

第五堂
贏家的溝通方式：先聽再說

我們從學校學習閱讀、寫作和說話，但我們從未學習如何傾聽。傾聽也許是所有溝通技巧中最容易被忽視的部分，一位優秀的領導者應該多聽少講，也許這就是上天為何賜予我們兩隻耳朵，但只有一張嘴的緣故吧。

不要貶低傾聽的能力

一些最成功的領導者通常也是最佳的傾聽者。我特別記得一位在大公司擔任業務經理的人。事實上他對該產業一竅不通，當業務員向他提問時，他其實沒辦法給他們什麼建議——因為他什麼都不懂！儘管如此，但是這個人非常瞭解如何傾聽，所以不論別人問他什麼，他總是回答：「你認為你該怎麼做？」於是業務員會提出方法，他點頭同意，最後業務員總是滿意地離去，心裡還想著這位經理真是了不起。

他的故事教會我傾聽是無價的，從那時起我便一直運用傾聽的技巧至今。有一次，一位美容顧問和我討論她的婚姻問題。她問我是否該和她先生離婚。由於我不認識她先生，甚至對她都不太熟，根本無法給她什麼建議。所以我只是傾聽、點頭，並問她：「妳認為妳該怎麼做？」我這樣問她，她也告訴了我她的想法。第二天，我收到一束漂亮的玫瑰花，上面附了一張卡片以感謝我的建議。一年後，她寫信告訴我，她的婚姻美滿極了，並再一次謝謝我的建議。

我聽過許多根本不需要我提供解答的問題。我通常只是藉著傾聽，讓那些受到委屈的人有機會傾訴，這樣就解決了一大半問題。只要耐心地傾聽，對方總會找出適當的解決方案。

許多年前，我的一位朋友用便宜的價格買下了一家小型工廠。前任老闆說：「我很高興能把它脫手，因為員工的態度越來越強硬，一點也不感激我多年來對他們的照顧。他們準備投票成立工會，而我實在不願意和工會的人打交道。」

我朋友成為老闆之後，召集所有員工開會，並坦誠地表達了自己的想法。「我希望你們在這裡工作都是快快樂樂的，」他告訴員工，「請告訴我你們希望我怎麼做？」結果發現，他只要提供幾項小小的福利，如安裝現代化浴室設備，在更衣室中裝上比較大面的鏡子，以及在娛樂室中放上自動販賣機等。他們想要的僅僅就是這些而已。結果，工會始終沒有投票通過，員工都很滿意。他們真正需要的只是一位傾聽他們意見的人。

傾聽是一門藝術。這種技能的第一信條，就是給予對方全然的注意。當有人到我辦公室找我談話時，我不會讓其他事分散我的注意。如果我是在擁擠的房間和其他人說話，我也會儘量摒除其他事務的干擾，讓對方覺得我們是唯一在場的人。

我會直視對方，此時即使有隻猩猩走進房間，我可能都不會注意到。我記得有次我被激怒了，那時我正和我們的一位業務經理共進午餐，每次有漂亮的女服務生走過，他的眼睛總會緊盯著對方看。我覺得受到侮辱，並不由自主地想到：「那位女服務生的腿顯然比我對他說的話重要，他根本沒聽到我說的話，他根本不關心我！」所以你必須關注對方，這樣才能聽到對方的話。假如不全神貫注，我們就會心不在焉。

人們也會因個人的小偏見而分心。例如，有人可能習慣說粗話，或使用一些你不喜歡的表達方式，或許你容易被某種腔調激怒。我就知道南方人受不了紐約腔，而紐約人對南方人的拉長語調，同樣也不能忍受，於是他們就為這些無關緊要的事情分心，而忽略了其他人想法的價值。

我想每個人都看到過那些愛開玩笑的人聚在一起時，互相交換笑話的情形。一個人剛說完，另一位馬上接下去，誰也不聽誰的，因為他們各自忙著準備下一個笑話。所以，有時我們無法傾聽，是因為我們正迫不及待地想要說話。

通常，人們會對談話中的停頓冷場感到不安，他們會有一種被迫開口說話的感覺。一旦他們繼續保持沉默，對方就會加以解釋或提供一些額外的資訊。有時，雙方靜默片刻是很好的事情，這樣才有時間思考。在交談中沉默片刻也可能讓人有如釋重負的感覺。事實上，沒有休歇的交談其實也可能代表著哪裡出了相當嚴重的問題。

許多經理人在和員工建立上司與雇員的關係時犯了錯誤——把這一關係變成老師和學生一般的上下關係。雖然老師一般都站在講台上，並且包辦大部分的說話時間，但一位好老師會知道如何去傾聽學生說話。優秀的經理人也應如此。經理人在部屬面前扮演權威者的角色，會使雙方產生涇渭分明的對立關係，使有效的溝通中斷，最後變成誰也不聽誰的。

有時，光傾聽是不夠的。有些人在你看穿他們的想法時會惱羞成怒。所以給你一個忠告：態度要委婉一些，否則你會冒犯到他人。侵犯隱私和關心他人之間只是一線之隔。有了這種體會後，當我感覺到狀況不對時，我會先問對方一兩個問題，然後安靜下來傾聽對方的回答。例如，以前我們公司的一位主管，姑且稱他「比爾」好了，有段時間比爾的工作效率明顯開始下降。他原本一向都能快速地提交報告，但那一陣子，一連好幾週，他總是上班遲到，在委員會會議上也很少發言，這一切和他原來的個性大相徑庭。有一天，他在我辦公室向我解釋一份報告為何延誤時，我決定和他進行一次推心置腹的談話。我站起來離開我的辦公桌，為他倒了一杯咖啡。

「要不要加糖和奶精？」我問。

「黑咖啡就可以了。」

我將他的咖啡放在沙發前的茶几上，然後坐下來，他主動地坐在我旁邊。「比爾，」我說，「你是我們公司重要的一員，你已經和我們一起工作了十二年，我認為經過這麼長的時間，我們已經成為好朋友了。」

「我也覺得如此，玫琳凱。」他溫和地說。

「我在擔心你，比爾。你一向對自己的工作都很在意，我們已逐漸依賴你的貢獻，但最近你變得不像你自己……」他沒有回答，所以我停下來，喝一口咖啡。他看起來很緊張，我就問他還要不要再多來點咖啡。

「不，已經夠了。」他回答。

「是家裡出了什麼事情嗎？」我問。

他臉變紅了，幾分鐘後，他才點頭。

「我能幫忙嗎？」

他開始告訴我他很煩惱，因為醫生發現他太太的背部長了一個腫瘤——他想告訴我，因為他知道這件事已經影響到他的工作了。我明白必須讓他從這種壓抑的情緒中解脫出來，所以我們起碼聊了一個多小時。在談話結束時，他看起來好多了，後來他的工作有了長足的改進。儘管我並沒有解決他個人的問題，但把話說出來對我們雙方都有益處。

至於一位經理人應和部屬討論多少個人的問題，我想只有身處其中的人才能夠決定。我不相信天天一起工作的人，不會發展出一些個人的關係。當然你必須謹慎，要關心部屬，但不要像審問一般咄咄逼人。

如果你能問對方一些問題，而且態度體貼委婉的話，就可以表現出你對他的回答是真的有興趣。醫生問你一大堆問題，表示他關心你的健康。如果一位醫生忙到沒時間問多少問題就草草做出診斷，你會覺得他一點都不關心你，他只是對賺到你的錢有興趣而已。「告訴我，你什麼時候開始感到胃痛的？」一位關心人的醫生會這麼問。「你那時做了些什麼？在你注意到胃痛之前，你吃了什麼？你以前有過這種狀況嗎？我碰你這兒會痛嗎？這裡呢？」醫生問這些問題，不僅可用來做為診斷的依據，同時也表達了他對你的關心。在玫琳凱公司，每位員工都知道他或她隨時可以將困擾講給我聽。

當我們還是一家小公司的時候，我和公司內所有的員工都能保持密切的工作關係。在當年，要固定傾聽每個人的想法並不是一件困難的事情。但是現在，玫琳凱已經發展成了一家大公司，擁有眾多的美容顧問和員工，我基本上不可能保持以前那種與員工交流的方式。但是儘管如此，每個人還是和從前一樣重要，必須有人傾聽他們的想法。我們的解決方法就是，透過不斷地訓練，使我們的主管記得傾聽永遠是最重要的事情。

你的組織可以成為產生新構想的寶貴來源

如今，我們龐大的銷售團隊是我們產生新構想的寶貴來源。我們不斷地和美容顧問溝通，鼓勵她們和我們分享她們的觀點。例如，我們大多數的業務督導每月會自己出版新聞通訊或最新消息。那裡面的許多新構想都會被公司的刊物所採用，但總是會註明與感謝構想的原創者。於是，銷售隊伍會不斷給予我們回饋。每個月我們都會收到數百個新構想，儘管我們不可能全部採用，但還是非常感謝她們能將自己的想法與我們共享。

在我們的銷售隊伍中，最高的位階是首席督導。對她們而言，傾聽是很重要的。對這群人而言，最有效的溝通機制是建立一系列的小型諮詢團體。在這類的會議中，我們將首席督導進行分組，並要求每組各自討論問題和規劃解決方案策略。因為這些首席經常與美容顧問還有業務督導見面，所以她們能為我們提供很有價值的資訊。

鼓勵回饋

鼓勵你的部屬給予回饋是很重要的，但要注意三項原則：

一、聆聽他們的意見。

二、對所有回饋者表示謝意。

三、對所有好的建議給予適當的讚美。

藉著傾聽銷售隊伍的意見，我們得以開發出顧客真正需要的產品。因此，我們的產品研發和其他沒能享有回饋優勢的化妝品公司不太一樣。假設有一家化妝品公司決定製造一種新的眼線筆，當他們製造出來之後，就把它拿給行銷人員說：「試試看能不能把這賣出去。」於是他們開始做電視廣告，花大錢在百貨公司進行展示，或是郵寄廣告目錄等等。他們的做法是先研發產品，再去嘗試創造需求。而我們則不是如此，我們是先知道顧客需要什麼，再從事研發生產。我們的銷售隊伍會告訴我們：「顧客希望這種尺寸的粉餅」，「顧客喜歡這種顏色」，「顧客希望唇線筆要有這樣的功能」等等。知道這些需求後，我們的研發部門再推出顧客所希望的產品。所以，當我們推出一種新的防水型睫毛膏時，它便可以滿足顧客早先向銷售隊伍表示的需求。

「但是，我們的公司架構沒辦法那麼仔細傾聽業務代表們的建議。」有時我會聽到別家公司的主管做此辯解。可是，如果像玫琳凱這樣擁有幾十萬名美容顧問的大公司都能夠去傾聽美容顧問的回饋意見，其他的公司也沒有理由做不到──只要他們的管理階層願意傾聽，就一定能夠做到。據我所知，有一位負責全國市場的業務經理，每星期至少打一次電話給手下的三十五位業務代表。經常和業務人員溝通，使他能夠對市場的狀況瞭若指掌。另一位手下有四十位業務代表的經理，則是每週隨機打二十五通電話給他的部屬。「情況如何？」他以很友善的方式詢問他們，「我能為你做什麼嗎?如果有什麼問題，儘管提出來。」他們兩人表達得很清楚，儘管再忙，他們總是會抽空接聽他們的電話，也強調在每天就寢之前都會回覆業務人員打來的每通電話。

許多公司雖然有機會聽取他們業務人員的意見，但是往往沒有好好利用這些機會。有一次，一位十分成功的壽險業務員告訴我說他的公司完全忽視業務團隊提供的意見。「我不會再費心提任何建議了。」他告訴我，「因為他們根本不重視我或其他業務員的意見。每次我提出一個想法時，我們公司的行銷人員就會說：『你只需注意銷售，公司要賣什麼樣的保單就讓我們來操心吧。我們有各種專家來設計保單——所以你不用浪費時間思考這個問題。你只要專心做自己的事，也讓我們專心做我們的工作。』」這家保險公司的短視不僅使它喪失了聆聽建議的好機會，同時也戕害了業務部門的士氣。

我認為未能聽取部屬的意見是經理人的一大疏失。幸運的是，一旦你瞭解傾聽的重要性，要將其付之於行動就一點也不難了。你的部屬會自然而然地讓你知道發生的事情——如果他們知道你願意傾聽的話。

「我們可以透過讚美讓人成功，
但我們不能透過批評讓人成功。」

—— 玫琳凱·艾施

第六堂

「三明治式技巧」將每一個小批評 夾在兩層大大的讚美當中

第六堂
「三明治式技巧」將每一個小批評夾在兩層大大的讚美當中

我不認為經理人批評部屬是恰當的做法。經理人不是不應該批評部屬，因為有時候經理人必須表達你對對方的表現不滿意。但是，批評應該對做錯的事，而不是針對做錯事的那個人！

當部屬有人犯錯時，你若不表達你的感受，那就太過於縱容了。但批評必須有技巧，否則會傷害他人。我認為經理人在批評的過程中，應該告訴對方哪裡做錯了，而不要傷害他的自尊。

每當有人走進我的辦公室，我總是刻意地營造出有利溝通的氣氛。我發覺，只要我除去辦公桌這個有形的障礙，這就很容易辦到。辦公桌代表權威，它告訴對方，我是居於領導的地位，應該由我告訴他怎麼做。但我寧願自己被視為一個朋友或同事，而非「老闆」。

軟硬兼施

我相信經理人和部屬間可以發展出個人的友誼關係。事實上，我覺得在一起朝夕相處工作的人一直行禮如儀，保持正式的雇主與員工關係，是很不自然的事情。我不認為這種氣氛有助於生產力的提升。世世代代以來，我們一直被灌輸「熟悉導致輕蔑」的觀念。軍隊就是一個好例子，它嚴格禁止軍官和士兵間有稱兄道弟的友好關係。這種態度也被帶到工作場合中。但坦白地說，我個人以為這種說法並不恰當。你和其他人劃清界線，只會妨礙良好的工作關係，尤其是當你必須和部屬坦誠交談時。

在此同時，經理人也必須堅持原則，講話單刀直入。如果你對某位部屬的工作不滿意，就不該對此避而不談，你必須表達你的感覺，這時候就必須軟硬兼施；換句話說，你必須保持經理人的角色，同時也必須設身處地為對方著想。在朋友和主管的角色之間應該有一條微妙的界線，這有點像是大哥哥、大姐姐的關係——結合關愛與同情的角色，但必要時也能夠採取管教的行動。事實上，對公司大多數的員工來說，我的形象就有如母親一般。他們覺得我非常關心他們，所以他們信賴我。很多次我都聽到：「玫琳凱，我母親去世好幾年了，妳現在對我而言就像是母親一樣……」聽到這種話，我深感榮幸。

千萬不要光批評而不讚美

「不要光批評而不讚美」，這是我嚴格遵守的一項原則。不管你要批評的是什麼，你必須找出對方的長處來讚美，批評前和批評後都要這麼做。這就是我所謂的「三明治式技巧」。

批評要對事不對人。在討論問題前後，都不要忘了讚美，而且要試著以友善的口吻來結束。用這種方式來處理問題，你不會使對方遭到太過無情的責難，或是引起對方的憤怒。

我知道有些經理人遵循的理論是，當你對某件事不滿時，應該批評那個人，讓他瞭解你對他的行為的想法。這派理論主張你應該要表達你的情緒——讓對方承擔應有的責備，不要手下留情。當經理人充分發洩他的怒氣之後，再用一句讚美的話來結束——理論上，一切都會雨過天晴。儘管有些管理顧問提倡這種技巧，但我不苟同。一個受到如此對待的人，由於遭到嚴厲的批評，心裡會受到極大的衝擊，他將聽不到你最後給他的讚美；而且這些讚美很明顯只是放馬後炮而已。這種批評沒有建設性，只有破壞性。

我認為每個人的自我都是脆弱的，對讚美的反應要比批評好得多。舉例來說，一位女士買了一件非常喜歡的衣裳，但只要她聽到有關衣裳的一點小批評，她就可能不再穿它。我記得以前我買了件粉紅色的玻璃紗禮服，準備參加一場晚宴。我認為它很漂亮，我也很高興自己穿起來很好看，但是我的女兒瑪麗蓮有不同的意見。

「媽，妳不是想穿這件衣服吧？」

「怎麼啦？我是想穿這件衣服的。」我有些吃驚地回答。

「但是，媽，你看起來像隻母牛。」她告訴我。

不用說，我立刻脫掉那件衣服，不僅那晚沒穿，從此我也沒穿過。但假如有人告訴我：「真的，妳穿上藍色衣服很好看，它和妳眼睛的顏色很相配。」要我隔天不穿藍色衣服，就是件很困難的事了。

也許女性比男性更難接受批評。女性會傾向於把這種批評當做是針對個人而發的。在我所處的年代裡，女性的文化背景和男性不同。舉例來說，男性在學生時期參加球隊運動時，會受到比女性更多的批評。教練會向男孩子大吼他做了什麼或什麼沒做，或責怪他導致球隊輸球。一旦比賽結束，他又會被教導如何有風度地接受失敗，然後下一次再盡全力爭取勝利。直到最近，才慢慢開始有些女性加入這種環境中，所以女性比較傾向將批評和落敗歸咎於自己的緣故。因為大部分時間，女性總是生活在比較受庇護的環境下，不像男孩子那樣時常遭受嚴厲的批評。也因為如此，我建議在批評女性時，應該採取較溫和委婉的方式。

不要在別人面前公開批評對方

一個經理人在第三者面前責備某人的行為，是絕對不可原諒的。我就曾經看到過一些經理人在對一群部屬講話時，特別找出一個人加以批評，我想像不出比這更能打擊士氣的事情了。在第三者面前責備某個人，不僅打擊士氣，同時也顯得極端冷酷無情。舉例來說，一位工廠經理不應該在裝配線工人面前責備領班。假如一位經理在品管檢查時，對領班咆哮說：「看看你讓你的人做了些什麼，喬。你知道公司是不會接受這種劣等產品的。這是三流的品質管制。如果你繼續如此，就別想再待下去了。」

這種行為不僅會引起對方的難堪和憤恨，同時在場的每一個人也會有困窘和不安的感覺。一種「我會是下一名受害者嗎？」的氣氛會立刻產生，每個人都會受到威脅，從而降低生產力。在這種情況下，工人開始懷疑領班的能力，這會損及領班做為一名管理者的效能。更嚴重的是，領班的自尊會受到傷害，使他變得不確定和遲疑。儘管產品的品質不佳是一個非常實際的問題，但是經理用這種笨拙的方式處理，只會加重事態的嚴重性。他不該公開批評領班，而應私下討論。我相信這不但更有可能解決產品的生產問題，同時也可維持領班和工人的士氣。所有的相關人等，包括公司在內，都可從中獲益。

有一種技巧使我在面對一群人演講時，可以提供有效的批評而不會傷害到任何人。事情是這樣的：有一次我召集一群美容顧問舉行業務會議，其中一位美容顧問的化妝箱很髒。她是一位新的美容顧問，我認為是化妝箱的髒亂導致她的銷售業績不佳。但是，她看起來一副缺乏自信的樣子，如果我採用一對一直接的方式來表達我的意見，也許會傷害她。所以我決定將我的意見以一種更委婉的方式來傳遞——我試著在業務會議上提醒她，用「整潔近乎是一種虔誠」為題演講。她不會知道這是針對她而說的，但這項演講卻對她極有幫助。儘管別人也可以從我的演講中學習，但最主要的是那位女士可以接受我的批評，但甚至不知道我是針對她而講的。

在整個會議中，我一直提醒每位美容顧問要表現出她的專業風範。「如果妳參加一堂美容課，看到美容顧問的化妝箱很髒，妳會作何感想？」我問與會的這群美容顧問。「我們從事的是和美麗相關的事業，必須時時刻刻表現出整潔的形象。」我繼續說。當我演講時，我想要勸告的那位美容顧問就在台下，但我並未注視她，我也不必如此。我想她應該已經明瞭自己的錯誤。此刻，她必定在思考：「我的化妝箱看起來真的糟透了。」你有沒有在星期天做禮拜時，覺得牧師的佈道內容根本就是針對著你講的感覺？「他怎麼會知道？」你會如此自問。同時，你會想：「不，這不可能。」牧師的話深深觸動了你，但沒有引起你的一絲窘迫。

一位優秀的經理人絕不會貶低別人，這對生產力不僅無益，而且有害。

你必須記住，你的工作是扮演一個問題解決者的角色，用這種方法取代傳統的批評，你將可以達成更多的成就。我想起幾年前一位美容顧問的故事（我們姑且稱她為瑪格麗特）。瑪格麗特曾經是一名傑出的美容顧問，可是後來發生了一些事情，使她的工作熱情大大下降，她對工作喪失了興趣——最後她索性不再參加業務會議。這是許多經理人都會遭遇的問題：如何重新點燃一名工作者原有的熱忱？

我打電話給瑪格麗特的業務督導，問她是否可以在下一次的團隊業務會議時為瑪格麗特指派一個重要的角色。她最大的問題似乎是在預約這方面的工作上，所以我建議她請瑪格麗特以此為主題，向團隊發表演講。「也許她可藉此演講，指導別的美容顧問開始和跟進預約的最佳方法。」我說。結果那天晚上，團隊業務會議空前熱烈。在研究她的「問題」時，瑪格麗特回顧和分析了所有她曾經成功使用過的技巧和原則。她成功地鼓舞了團隊中所有的美容顧問——但最重要的是，她確信自己可以再次獲得成功。

當你以這種方式解決問題時，首先你必須先設身處地為別人著想，然後再共同找出解決問題的辦法——你就不會變成一名嚴厲苛刻的評論者，你會變成一位益友。對方會覺得有人支持她，可以幫助她一起解決問題。當你表明這種立場之後，你的「新朋友」不僅會感激你，同時也會盡其所能，不讓你失望。

「成為那種言出必行，值得信賴的人。」

—— 玫琳凱·艾施

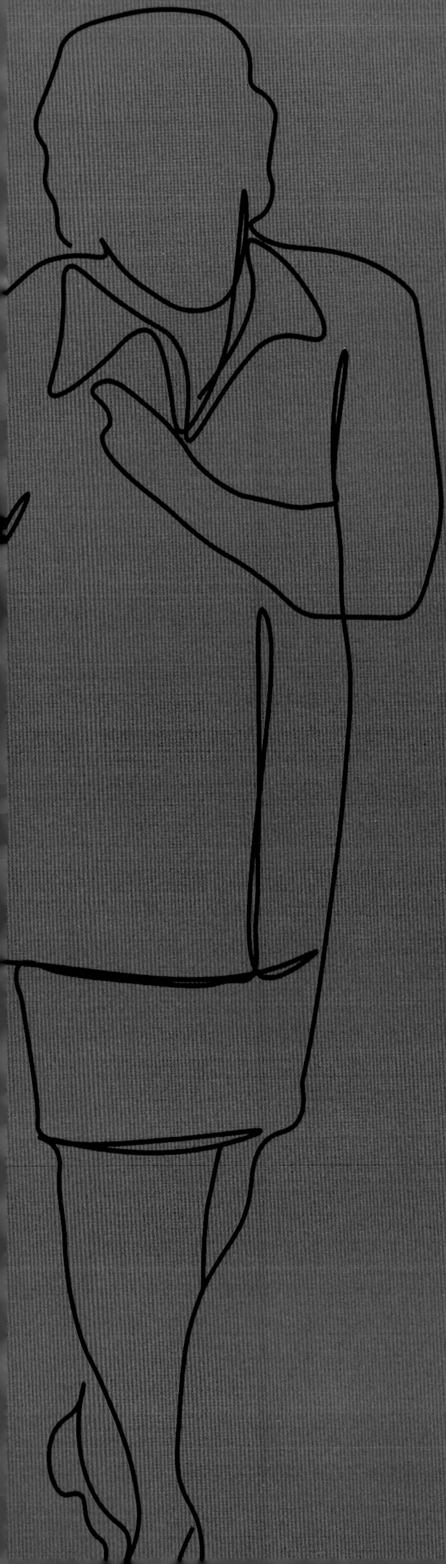

第七堂 做一個言出必行的人

第七堂
做一個言出必行的人

我曾聽某人說：「一毛錢能買到一打想法，但能夠實現想法的人則是無價的。」這句話真是一針見血！這個世界上有許多擁有雄心壯志的人，他們有很多想法，但卻無法跟進與貫徹執行。這些人不會是好的領導者。

光說不練無法成就大事

我已經敘述過聆聽團隊成員意見的重要性。然而同樣重要的是，你要讓他們知道，你確實有採納他們的意見。所以，當我們接到公司各級員工以及銷售隊伍傳來的問題或建議時，我們會遵循下列程序：

- 聆聽
- 集思廣益，找出解決方案
- 貫徹執行

我們曾經有一個所謂「我聽你說」的計畫，幫助我們仔細聆聽成員的意見，更重要的是，我們會對所聽到的意見有所反應和行動。跟進執行的步驟包括：

1 分析一個解決方案在技術上和程序上的可行性
2 針對目標團體來測試解決方案
3 將測試結果告訴組織中的每一個人（在我們公司是美容顧問和業務督導）
4 尋求全體支持
5 執行改變

舉個簡單的例子。有一次，我們的高階主管和首席督導開了兩天會議討論建立團隊的問題。由於她們是反映各地區的意見，因此這些意見就成了公司優先考慮的事項。公司行銷部門員工的職責是消化這些首席督導所提的建議。腦力激盪會議往往持續一整天，以便找出某一特定問題的最佳解決方案。這些會議發展出來的想法，最後濃縮成十二頁的報告。然後，首席督導自己從當中推選出十名代表組成諮詢委員會到公司開會。我們覺得和諮詢委員會共事，要比和整個團體共事會比較有效率得多。下一步則是和這些代表溝通，告訴她們：「這是我們對這些問題的看法，我們也想聽聽妳們的意見。」她們可從這些解決方案上瞭解我們花了多大心思，而且唯有她們贊同，我們才考慮進行改變。

這充分說明了玫琳凱公司哲學中的重要元素：「人們會支持他們參與創造的事物。」儘管你下達的是最完備和最合理的命令，在別人眼中，它仍舊是一道命令。但假如讓大家一開始便參與其事，即使是同樣的方案也會變成「個人的聖戰」，大家會立刻感受到有義務使它成功。

諮詢委員會對我們所提出的解決方案進行討論，做出更多回饋。她們喜歡我們的某些構想——但當然沒有全盤接受。此時，我們會回到會議室，花更多的時間來修正解決方案，使其合乎諮詢委員會的建議。然後，再將我們的意見提供給她們。在進一步修正後，我們終於做出了整個團隊都同意的方案。

在獲得首席督導的支持後，跟進執行的下一個步驟是爭取業務督導的支持。每年，我們會在不同的城市召開領袖會議，並且排定下一次會議的時間表。我們瞭解人們有抗拒改變的本性，所以先將這些新構想的方案傳達給業務督導，鞏固首席督導的支持。因此，在每次會議中，我們獲得的反對意見都非常少，因為我們很清楚地強調：

1　這個構想最初來自最基層的組織。

2　我們已仔細思考過解決方案的所有階段。

3　我們曾和目標團體（我們的首席督導）討論，並且獲得她們的支持。

然而，我們公司早已普遍採用的一個辦法，也是這個過程成功的第四個關鍵因素，那便是通過我們「固有」的傾聽溝通機制，讓成員參與制定解決方案，然後貫徹執行。我們有成千上萬名美容顧問，每個人都知道她所提出的構想會透過公開討論被仔細研究，也許會被別人重新修正或改進，最後被眾人所採用。每一個構想都根據其價值而有被公平採用的機會。我想這和別家公司只由位高權重的主管提供意見並付諸行動的情形大相徑庭。

最佳的行動就是即知即行

當跟進的動作拖得太久時，經理人就有可能面臨失敗。有一次，一位汽車業務員告訴我，他和其他十四名業務員跑到經銷商和銷售經理那兒去訴苦。他對我說：「我們對佣金發放的時程、員工福利和夜間工作時間太長有一些不滿，所以在一個星期天的下午，我們聚集在老闆家中花了四個小時討論這些問題。那位經銷商和銷售經理仔細傾聽完我們的陳述之後，完全同意現有的薪酬制度過時了，和鎮上其他經銷商的制度根本不能相比。雖然那天我們花了很多時間，但在回家時，我們都很高興，覺得終於讓管理階層明瞭了真正問題的所在。我們覺得這次會面真是一大成功。」

「那很好啊！」我說，「這就表示他們是很好的傾聽者。」

「喔！他們聽得很仔細，沒錯。」他說，「但僅止於此而已，他們並未採取行動。幾個星期、幾個月過去了，沒聽說任何針對此次會談所做的改變。每當我們提到這個話題時，他們總會找一些藉口，『現在不是討論這個問題的適當時機』或『不用擔心，我們會做的，但不要期望一夜間會有什麼改變』。」

「這一定很影響你們的士氣！」我說。

「豈止是影響士氣，還更糟哩！玫琳凱，在這次會談後的三個月內有四名業務員辭職，而其他人的銷售數字也直線下降。」最後，這些汽車業務員的確獲得了他們訴求的改變，但他們並不感激這些改變，因為時間拖得過長，經銷商也未能展現出立即執行的善意。

信任永遠是貫徹執行的重要因素。一家百貨公司的分公司經理告訴我，他們的一名地區經理犯下了不可原諒的錯誤。「我的採購人員向我們抗議公司給予採購差旅的津貼太少，」那位分公司經理告訴我，「於是，當地區經理到達拉斯出差時，我將意見反映給他。他保證會立即做些合理適當的改變。他告訴我『一旦總公司通過後，我會馬上打電話給你，最遲在這個星期之內。』」

但是問題就出在分公司經理，他將地區經理的此項保證告訴了他的採購員。

「我想讓他們立即知道，因為他們將在下星期一上午啟程到紐約出差，我希望這個消息可以鼓舞他們。但直到這個禮拜即將結束，地區經理才把我叫去說：『抱歉，因為其中有些複雜的過程，我無法給這趟出差的採購員幫什麼忙。但不要擔心，下次一定會有所改進。』總之一句話，玫琳凱，那位地區經理拒絕了他曾保證過的改進。這個消息使我的採購人員很不高興，不久就有兩位跳槽到別家百貨公司了。」

絕不要承諾你不能做到的事

那位地區經理本來是好意，他過分熱心想要取悅這位分公司經理，結果反而表現出自己的錯誤判斷。經理人絕不能在事情尚未完全確定之前，輕易做出任何承諾！一個不能實現的承諾對那些感到失望的人來說反而是一大打擊，這是經理人絕不能犯的過錯。經理人除非有完全的決定權，否則絕不要做承諾。在上述事件中，地區經理最好聰明地說：「我會將這裡所有的意見帶回總公司研究，儘快給你答案。我會盡力而為。」如果他有信心能做出某些改變，他還可以加上：「我不能給你任何保證，但我希望你知道我是贊同的——我會儘可能為你爭取。」他這麼說，不僅強調了他會支持，同時也提供了他覺得最需要的立即鼓勵作用。如果後來他失敗了（像前面所說的），他這種對期望的表達也不會導致負面的結果。所以，做承諾時請務必謹慎——因為錯誤的期望是具有破壞性的。

落實執行需要紀律和計畫

回信常常是人們很難堅持跟進的一個領域。大多數人都不喜歡寫信，很自然地，我們會傾向將這種不喜歡的工作延後。但人們也會為寄出去的信得不到回音而感到憤怒。事實上，大多數人認為這是對個人的侮辱。所以，如果你要尋找一個無法影響他人的好方法——那就不要回覆來信（不回電話也具有相同效果）。

我通常都會回信，如果信中的主題屬於別人的專業領域，我也會確定把信轉給適當的人。總而言之，只要信是寄給我的，對方期待回信的人就是我本人。所以即使信被轉給了第三方，我覺得還是有責任確定寄信人有收到回覆。為了保證問題能夠獲得快速的回覆，我會在信上附上標籤，提示將回信提供一份副本給我。但遺憾的是，仍有少數經理人沒有妥善地跟進這些信件，所以每個星期五我都要檢查檔案。如果我還沒收到我的副本，我會繼續詢問，直到收到為止。這便是跟進的落實執行。

有許多工作是我們必須做但卻想逃避的。寫信只是其中一個例子。提到這種特性，我就想起曾經聽到的一則故事。艾維．李（Ivy Lee）是一位知名的效率專家，他有一次去拜訪查爾斯．史沃伯（Charles Schwab）——伯利恆鋼鐵公司（Bethlehem Steel）的前任總裁。李問史沃伯說：「如果我和你手下的每位主管面談十五分鐘，就能提高他的效率以及你的營業額，你是不是願意雇用我做這件事情？」

「這要花多少錢？」史沃伯問道。

「有效才給錢。你有三個月的時間可以決定，到時再在支票上寫下你覺得我值得的價碼。」史沃伯點頭同意了。

於是，李便開始和伯利恆鋼鐵公司的每位主管進行個人面談，他要求每位主管做出一項承諾。在往後的九十天內，在每天離開辦公室之前，每位主管必須列出翌日應該做的六件最重要的事情，並且依重要性排列。他同時要求主管們每完成一件事後，就在該項目上打勾，再繼續進行下一件。如果有什麼事還未做完，就寫到再下一天的清單當中。九十天期限結束時，效率和營業額都大幅成長。史沃伯非常高興，他開給了艾維．李一張三萬五千美元的支票。李教導他們要徹底跟進，那正是史沃伯願意付一大筆錢的原因。知道這個故事後，我深受感動，從那時起，我開始設定我自己的每日清單，這對我的確相當有效。

我的清單可讓我追蹤進度，我聽過許多人讚美我在跟進方面做得非常好，我都歸功於這份清單帶給我的幫助。我將每一件需要立即處理的事情寫下來，一旦寫成白紙黑字，它就變成了我必須遵守的有形承諾，它約束我去做那些我不大想做的事——那些大多數人都會拖延，而且不會特地找時間做的事。我總是教獨立的銷售隊伍成員照我的方式做。我常常告誡他們：不要依賴你的記憶力。如果你不把它寫下來，即使是最想做的事，你也不會找到時間去做。同時，我們提供「每日六要事」的便條紙給團隊成員——使用過的人都在管理時間的效率上有顯著的提昇。

另外，增加我每天的工作時間，也讓我有更多的時間成為更佳的跟進者。不久前，我想到既然一天只有二十四個小時，如果我想要在一天內完成更多的工作，唯一的方法便是早上五點鐘起床。由於沒有電話和其他干擾，早上這段時間工作效率最高。我這種早起的習慣流傳於整個公司，使得銷售團隊之間也成立了所謂的「玫琳凱五點鐘俱樂部」。當我問一群新的業務督導是否願意加入這個俱樂部時，令人訝異的是竟然有許多人舉手願意加入。我說：「真是太棒了！好，那麼我會在某一天的清晨五點半時打電話給妳，聽妳說說今天『最重要的六件事』。我這樣做，妳們還要參加這個五點鐘俱樂部嗎？」很令人驚訝，她們還是願意參加——當然我也確實打了那些跟進電話！

從一開始，我們就教導每位美容顧問跟進的重要性。我們教她定期打電話詢問顧客：「妳好嗎？那項產品對妳適不適合？」我們也許是世界上第一家在產品賣出後兩個星期，還會再追蹤調查它的成效的化妝品公司。這些美容顧問這麼做，並不是想要爭取更多的生意，因為顧客在如此短的時間內，根本還未用完剛買的化妝品。她之所以跟進追蹤，是因為一旦發生問題，她可以立即瞭解，馬上解決。假設顧客的皮膚用過這種化妝品後仍覺得太乾，這名美容顧問就會用另一種皮膚保養品來代替，並繼續與顧客保持聯絡，直到顧客完全滿意為止。

兩個月之後，這名美容顧問還會再打電話給顧客。為了使這項工作更簡單，我們提供她一個系統，提醒她何時顧客已經準備好要再次購買。在我們這個產業，成功依賴於顧客的滿意與否——一次蜻蜓點水似的購買並不是我們所希望的。我們要求每位美容顧問提供顧客最滿意的服務。到目前為止，這是確保顧客再次購買的不二法門。那些使用這種方式跟進顧客的美容顧問，最後都成為我們公司最佳的業務督導。而且根據我多年的銷售經驗，我可以斷定這種重視顧客服務的方式，是所有卓越銷售員和業務經理共有的特性。

首席督導黛琳娜．懷特（Dalene White）（她是玫琳凱公司史上的第一位美容顧問）有一次做了一個有趣的實驗。她打電話到紐約證券交易所，詢問一盎司黃金的價格。然後稱了一盎司的「粉紅收據」（她的顧客購買收據影印本），並根據記錄給顧客們打電話請她們再次訂購產品。那天結束時，這些訂單帶來的獲利竟然比一盎司的黃金價值還要高——這種打電話關心顧客的行為，正是有效落實行動的精髓所在。

卓越的領導者們會將同樣的跟進策略應用在他們的銷售隊伍身上，他們會問：「告訴我今天過得如何？」在仔細傾聽後，他/她也許會加上一句：「如果你不介意，我明天會再打個電話給你，看看我是否能幫上忙。」

做好你的功課

在這一章中，我們提到某些經理人貫徹執行的例子，他們全都依賴一種可以被稱為「做好你的功課」的個人管理技巧。不管貫徹執行的是公司大方向上的改變，如我們對首席督導的回應或重新評估市場開發的政策，或是小到顧客對口紅顏色的偏好，如果你學會了如何研究、組織、準備和練習，跟進的工作就簡單多了。

如果你有面對聽眾的經驗，你會瞭解做好功課是多麼重要的一件事。要做好一場演講，你需要對主題加以研究、組織，還需要準備素材，並勤於練習表達技巧。很少有人能發表精彩的即興演講，雖然好的演說家能夠讓你覺得他們是即興演出，但其實他們一定是有備而來。時間的控制和表達技巧必須一再練習，直到你能將演講變成自發性的動作為止。我和其他許多演講者一樣，常常必須做即興演講。很多人都很驚訝我為何能侃侃而談，連續說上一個小時，而不用看講稿。他們對我說：「玫琳凱，妳實在太棒了！妳有不必準備就可以演講的天份。」

然而，我的正式演講都是經過最周詳的準備之後才發表的。多年來，有一些題目我已非常熟悉，因此，不需多加準備即能演講。但我要強調的是，我是花了許多年的工夫，加上足夠的經驗，才達到今天可以隨心所欲分享自己故事的地步。另外，如果我要演講的題目超出我的專業範圍，我還是得花許多時間準備。

對我們的獨立銷售團隊而言，每週最重要的大事，就是由業務督導主持的團隊會議。星期一是召開這個會議的最佳時刻，因為它代表了一週的「新的開始」。對某些人來說，星期一是歡樂週末的結束，所以被稱之為「憂鬱的星期一」。但是除了提供消息外，這個會議也同時具有鼓舞士氣和激勵的作用。即使上週的銷售業績不佳，但這是嶄新的一週，可以重新開始。我們常說：「假如上週妳的成績欠佳，你需要參加團隊會議；假如上週妳的成績很好，那麼團隊會議需要妳！」如果一名美容顧問在團隊會議結束時充滿熱情，那她整個禮拜都能夠把這種高度的熱情運用在工作上。

因此重要的是業務督導要能主持一個有效的會議。但是這件事不會自動發生，她必須做好自己的功課。假如她沒做好功課，她的團隊成員就不能從會議中得到任何有用的資訊，她們很快就不會再參加了。她們沒有必要每個禮拜打扮得整整齊齊，大老遠來參加一個沒有任何益處的會議。一旦出席率下降，那個團隊的生產力也會驟降。我們可以大致看出哪一位業務督導沒有做好星期一的團隊會議。我們公司裡隨時都有幾百名新的業務督導，需要去適應如何主持一個有效的會議。在讓她們深切瞭解這些會議的重要性之後，我們會幫助每位業務督導做好她的功課。為此，我們提供了詳細的規劃資料。

另外，我們還要求每位美容顧問都能成為產品和肌膚保養的專家。雖然所有業務員都應該對他們的業務有透徹的了解，但是我們格外重視這點。因為我們的美容顧問要負責上美容課。既然身為「指導者」，她們應負起比一般業務人員更大的責任。為了要成為專家，她們每個人都必須付出相應的代價，並且做好她的功課。任何業務員在沒有充分準備好能做完整而資訊充分的簡報之前，都不應該貿然進入潛在顧客的辦公室。我就曾經看過幾位不適任的業務員，甚至連最基本的產品問題都答不出來。在這種情況下，這些業務員不僅浪費了對方的時間，同時也侮辱了自己。當然，有時候有些問題可能業務員無法立即在當下回答。例如一名新的美容顧問被問到：「這款洗面乳的PH值是多少？」她可能回答：「還沒有人問過我這個問題，但我會去找出正確答案然後再回覆妳。」

當然，除了產品知識和銷售技巧外，業務員還有別的功課要做。他必須注意許多幕後準備工作的細節。做事情能否有條不紊也很重要，因為這決定你是否能將時間效益發揮到極致。在一九六〇年代，我已去世的丈夫麥爾（Mel）當時是一家工廠的代表，他可以說是事先研究客戶的專家，他甚至用一本小冊子來記錄顧客的特殊興趣，包括他們的嗜好、喜好的運動、配偶的姓名、小孩的名字、接待員及秘書的姓名。他甚至還知道該送什麼花和糖果給秘書。這些全部記載在他的小冊子中！例如，他到克里夫蘭去拜訪十位不同的客戶，事先就搜集了每個人的相關資料。麥爾從來沒有拿不下客戶的問題，因為他深受大家的歡迎。他做了他的功課，而也因此獲得了回報。

身為經理人，你也要持續銷售

雖然你並不一定在銷售實際的商品或是服務，但你也必須要推銷你的想法，以獲得公司中其他人的支持。有鑑於此，你必須事先為每一次會議做準備。為了與一個人的會談所做的功課，和員工會議、主管會議，或是有數千名聽眾的演講會所做的功課同等重要。為了說明經理人如何為這種會議做準備，讓我們用本章一開始的首席督導會議來做例子。當時會議有一個重要的討論主題。在會議之前，我們儘量收集所有可能的相關資訊，因為這樣才能預計首席督導們可能會提出什麼樣的評論和問題。不管她們提出什麼問題，我希望我們都有完善的準備。我兒子理查擔任會議主席，他手邊有所有相關的資料。他引證了目前的經濟因素如何影響通貨膨脹和失業率，以及可支配所得如何影響我們市場開發的計畫。他也引用統計數據來比較目前和過去在相同和不同的期間有何差異。他討論了目前在直銷產業當中的一些趨勢，它們又會如何影響銷售團隊的努力結果。幾乎沒有一個領域是理查沒有研究到的，每個人都對他準備的程度印象極為深刻。

這種充分的準備不僅可使會議順利進行，同時也可使人們對簡報者的領導能力產生信心。當主導會議的人缺乏完善的準備時，人們會起反感，他們不是認為他沒有組織能力，便是認為他一點都不在乎！不管是哪種情形，這些態度都會產生不利的影響。一位優秀的經理人應該把有效率且關懷他人的形象傳達給部屬。

有一句諺語很有道理：「如果你希望做完某件事，就把它交給一個忙人吧！」因為他們也是最有能力的人，可以有能力再接下一個專案。我知道在達拉斯總公司中，有幾位高階主管就曾多次被社區徵召出來支持慈善和公益事業。不管他們在事業和業餘活動中是多麼繁忙，他們還是能找出多餘的時間和精力，他們從來不會沒有時間去做其他工作。他們廣受社區人士的愛戴，因為他們已經藉由實現承諾，獲得一致的讚美。

同樣地，我認為如果女性能同時扮演妻子、母親、管家、廚師、司機和心理學家等角色，甚至還付出許多時間參加社區的志願工作，就表明她在時間管理上有高人一等的技巧。要想完成這許多的工作，女性必須要能貫徹執行許多事情。儘管她們的個人經歷顯示她們從未從事有薪工作，但我估計，她們的這些背景已完全能讓她們擔任商業界中的許多職位。在玫琳凱的銷售隊伍中，我就曾看到過許多這種女性初次踏入就業市場的情形。

多年來，我看到許多有才幹的人並不一定比其他人有更傑出的表現，倒是那些懂得落實執行的人表現更傑出。這在所有事業生涯中——如商業、體育和藝術界都是如此，在銷售領域中更是可以經常看到。事實上，你從年輕人的在校成績也可看出，智商高的人未必是班上第一名；名列前茅的往往是學習習慣良好的人，因為他們經常能夠完成每日所指派的作業。所以，世界上真正的成功者，是不管事情是大是小，都能貫徹執行的人。

「今天就下定決心，
一旦有人帶著負面想法來接近你，
你就會用正面想法來取代之。」

——玫琳凱·艾施

第八堂 熱情⋯可以移山！

第八堂
熱情：可以移山！

缺乏熱情是無法成就大事的。我們深信這一點，以致於我們公司甚至有一首名為《我有玫琳凱的熱情》的歌。

我們有許多屬於自己的歌，我們會在每一次集會中演唱，從最小規模的每週會議到盛大的年度研討會。我們的銷售隊伍樂此不疲，而且我相信歌唱可以培養高度的團體精神。有些局外人，特別是男性，總會批評我們的歌唱是「純女性」的節目。我不同意他們的說法。歌唱使人團結在一起，它就有如隊伍中的「歡呼聲」一般。如果有人感到心情沮喪，歌唱也可以使她精神振奮，也許這正是教會禮拜時以讚美詩歌開始的原因。還記得許多禮拜天的早上，我駕車帶三個小孩到教堂。一路上，他們在後座上的滑稽舉動層出不窮，讓我在抵達教會時感覺自己不夠莊重、虔誠。不過在唱完幾首詩歌後，我覺得煥然一新，又進入了做禮拜的虔誠心情。

優秀的經理人會激發員工的熱情

公司有自己的歌是很不尋常的，這些年來有許多關於我們的報導也都提到這一點。事實上，對許多人來說，玫琳凱公司就代表著熱情。我們以這種形象自豪，因為熱情是個人最有價值的特質之一，不管他或她從事的是什麼職業。很多有才幹的人之所以失敗，完全是因為缺乏工作熱情；而許多經理人的失敗，是由於缺乏部屬的支持。我真的相信一個可以激發 熱情的平凡構想，遠勝於一個無法激發熱情的偉大概念。所以，一位優秀的經理人應該激發員工的熱情。但先決條件是，他必須是一個滿腔熱情的人。

當然，要一個人始終保持高度熱情是不可能的，與一般人對我的瞭解相反，我並不是一直都對工作擁有滿腔熱情。當我低落的時候，我只是不讓別人察覺出而已。在我早期的銷售生涯中，當我和第一任丈夫離婚後，大約有一年的時間，我認為自己是一個失敗的女性、失敗的妻子和失敗的人。另外，由於婚姻失敗，這種低落的情緒導致了一些生理症狀，有幾位醫生診斷是風濕性關節炎。一名專家說我的情況正在迅速惡化中，不超過一個月，我可能就不能自由行動了。帶著三個嗷嗷待哺的小孩，這個消息不啻晴天霹靂！

那時，我正為一家透過家庭派對方式銷售家用產品的公司工作，我的生計就靠一天三場的派對來支持，平均一天收入二十五到四十美元。如果我要生存下來，我就得先拋開我個人的問題。於是，我決定只要我面對客戶時，不管心情如何，都要帶著微笑。回憶當時的情況，我認為我的生理症狀是由極度的沮喪情緒所引起的，因為當我的銷售成績越來越好時，我的身體狀況也越來越好。醫生起初還懷疑這種改善只是迴光返照，關節炎最後仍會使我不能動彈。但隨著銷售業績的成長，我的健康情況也跟著大有改善，從此我不再有任何關節炎的症狀了。

和其他人一樣，我也有不想工作的時候，遇到這種情形，我就會努力激起我平常的熱情。一位在事業上極有成就的人告訴我：「玫琳凱，如果我只在我想要工作的日子才工作，那我根本就沒辦法工作了！」我確信如果我們都能夠開誠佈公的分享，會承認我們有許多時候需要為自己打氣才能工作。所以你也應該這麼做。當每件事都很順利時，要保持熱情是很容易的，但對一個人勇氣的真正考驗，是在逆境時是否也能保持熱情。我們常告訴我們的美容顧問：「妳必須假裝到真正有這種情緒為止！」那即是說，先假裝有熱情，最後，你就會真正展現出熱情。

我們曾邀請一位知名的演說家到一場研討會中做一場激勵演講。他的班機遲到了，結果輪到他演講時，他仍在從機場來到會場的途中。身為節目主持人，我只好一直即興演講，直到我接到後台傳來的訊息說他已經到達為止。於是我開始介紹這位演說家，但我回頭望了後台一眼，看到他正在後台來回走動，不斷跳動並拍打自己的胸口。「我要介紹的到底是怎樣的一個人啊？」我問自己。當我介紹完時，他衝到台上，隨即對熱情的聽眾做了一場絕佳的演講。午宴時，我坐在他身邊，我說：「你著實讓我緊張了好一陣子。在我介紹時，你為何不斷跳上跳下，然後拍打你的胸口呢？」

「我想你應該知道，玫琳凱，」他解釋說，「我的工作是激勵別人，有時我覺得自己的熱情不足，就很難到台上去做一場激勵人心的演說。今天就是這種情況。我被早上班機的延誤搞得疲憊透了，在我趕到這裡時，我覺得自己已經精疲力竭了。但是我知道妳們正期望一位具有滿腔熱情又有活力的演說家。我不願為這麼盛大的場合澆冷水，所以我必須動起來，並且用力拍打胸口，讓我的血液沸騰起來。」

做為經理人，你必定有受挫或是沮喪的日子，但是你仍然需要激勵你的部屬。每個人都有這樣的日子。當你覺得處於情緒低潮時，你只能更加努力工作，因為你的態度會影響部屬的工作熱情。我就記得有好幾次，當我十分憤怒時，我還是盡力控制住我的脾氣。處在這種時刻，我總是深深地吸一口氣，然後將嘴角抬高，微笑——這可用我出現在「六十分鐘」節目前的戲劇性過程來說明。

我可以泰然自若地在大庭廣眾下演講，但要在家裡接受訪問，然後呈現在四千三百萬名觀眾面前，卻令我感到驚惶！我們拍攝的日期並不固定，因為節目導播不知道何時會有剛發生的重大新聞插播。所以，我只知道他們要來，卻不知道確定的時間。當他們前一天告訴我他們第二天上午要來時，我在屋裡走來走去，將椅墊擺正，把盆景重新安置好，並仔細檢查，希望沒有什麼不妥之處被「六十分鐘」不小心拍到，傳到美國的各個家庭去。

我的傢俱顏色是柔和的春天色調，我必須承認在當天陽光照進室內時，每一樣東西看起來都完美極了。突然我迅速回到現實，想起吸塵器在淡黃色踢腳板上刮掉了一小塊漆。我怎麼會忽視這麼明顯的一個地方？事實上它再小不過了，但以我當時的焦慮，它就有如月球上的隕石坑那麼大，我衝到櫥櫃找了一罐顏色類似的亮光漆，再衝到浴室去拿了根唇膏刷，然後蹲下身來想把漆刷上去。我丈夫麥爾想要幫忙，他想用吸塵器吸走留在油漆上的灰塵。他使用的是中央吸塵系統——具有長管子的那種。你應該知道接著發生了什麼事情！他將那罐油漆弄翻了，整個倒在起居室地毯的中央。「一團糟」這個形容詞還不足以描述當時的情形！我有些松節油，原是清洗刷子用的，現在我將它倒在這一大片黃色的油漆上。看起來好些，但是上電視就不妙了！這時我只想坐下來大哭一場，好好宣洩我的沮喪。那天又剛好是假日，油漆店通常不開門，但我轉向麥爾，盡我所能用最平穩的聲音向他說：「我相信總會有一家店鋪是開著的，麻煩你去買些松節油回來。」

十分鐘後，他帶著一加侖松節油回來，我忘記了我剛修好的指甲，用盡家裡的每一條毛巾，開始清除地毯上的油漆。

第二天早晨，當拍攝小組到達時，我將嘴角抬高，做出微笑狀。開門後，我用最熱情的聲音向他們說：「各位早，我很高興見到你們。」

在技術人員安排好燈光和攝影機後，節目主持人莫里．塞佛（Morley Safer）和我坐在起居室的沙發上。當代表錄影的紅色小燈亮起來後就開始訪問，我注意到攝影師正四平八穩地站在那塊滿是松節油的地毯上。整個拍攝過程當中，我看到他不斷地嗅著空氣，彷彿困惑於為何會有這種奇怪又刺鼻的氣味。我不知道這塊地毯是否會溶解，攝影機是否會故障，或技術人員是否會被這種刺鼻的氣味薰昏，我只知道這次訪問極為成功；我一直保持著熱情，對著鏡頭微笑，從沒讓我真正的感受洩露出來。

熱情不但具有傳染性——它會像野火般迅速蔓延開來。公司的員工常會感染老闆的個性。一位執行長的熱情和積極正面的個性會滲透到整個組織當中。更甚的是，管理方式的改變也經常會迅速改變公司的個性。假如新上任的董事長是個冷酷和傲慢的人，那公司原先的那種蓬勃朝氣可能就會迅速消失。當然，並不一定只有執行長才會影響員工。身為經理人的你，本身情緒的好或壞，也不可避免地會反映在和你工作的同事身上。你必須控制這些情緒，不要讓情緒控制你。

一對一的熱情真實有效

我們都知道熱情對整個團體具有很強的影響力，像是足球比賽時的球迷狂熱、對業務員的激勵談話和政黨集會等。但我們與人們通常是一對一的關係，在這種情形下，我們所能夠產生的熱情便決定了我們說服的力量有多大，再沒有比一對一的熱情更具有說服力的事情了。這種一對一的熱情可用數種方式來表達：肢體語言、面部表情、非言詞性的手勢、眨眼的暗示、會心的微笑或聲調的高低等。我曾用電話與半個地球以外的人員談話，但我仍舊能夠感受他們所散發的熱情。擅長電話行銷的人證明，熱情可以成功地經由聲音來傳送。

相反地，缺乏熱情會產生相當嚴重的後果，猶豫和自我懷疑同樣具有傳染性。你曾見過全然不在乎他的產品的業務員嗎？如果顧客問他產品的功能如何使用，或是零件是否容易替換時，他會這樣回答：「我不知道」或是「我想大概會吧！」這種缺乏熱情的情緒很快就會傳送出去，即使原先很有購物熱情的顧客，也會因此打退堂鼓！同樣，如果一位經理人興致缺缺地陳述他的新計畫，我可以斷定他也不會從部屬那兒獲得多大的支持。

有趣的是，英語中「熱情」（enthusiasm）一詞的希臘字意是「神在其中」（God within）。同樣地，熱情必須由自身做起。當你沉浸在熱情中，那些環繞在你四周的人，才會情不自禁地同樣熱情起來。

「你如何活出人生－
你所反映的形象和展現的典範都代表著你，
如果這和你對別人的說法不一致，
那麼就永遠不會有人相信你的話。」

——玫琳凱·艾施

第九堂 領袖的速度就是團隊的速度

第九堂
領袖的速度就是團隊的速度

「領袖的速度就是團隊的速度」，這句話可經常在我們的業務督導會議上聽到。我們認為，一位優秀的業務督導能為她的團隊定下步調。只要是聽話照做的玫琳凱業務督導，都會經常鼓勵團隊成員在這個行業的各個領域有卓越的表現。她會強調成員應該具備所有化妝保養的知識、精通公司的產品、瞭解培養新人所能帶來的價值，懂得為顧客提供黃金法則式的服務，以及執行有效的時間管理。每位領導者都會強調追求卓越的重要性，但是一名優秀的領導者會懂得以身作則。

以身作則

舉例來說，我們要求所有美容顧問對自己公司的產品要非常熟悉，這並不複雜，只要做好自己的功課就行了。但除非業務督導自己是產品專家，否則無法使團隊的美容顧問信服。我無法想像一位業務督導用一知半解的產品知識主持整個團隊會議的情形。光是要求他人「照我所說的做，而不要看我怎麼做」，絕非上策。

優秀的領導者是無法取代的，我肯定在我們公司是如此，在別的公司也是如此。但不幸的是，許多人為了爭取領導者的職位而努力工作，一旦獲得晉升，反而變成十足的「官僚」。我們公司有些美容顧問在成為業務督導之後，就不再上美容課。最後，她們在銷售、團隊經營、培養新人上就變得越來越薄弱。事實上，她們在成為業務督導之前，上美容課是她們獲得業務提昇最重要的工作，在美容課上，她們可以和顧客面對面，也能從中發掘出那些渴望發展玫琳凱事業的女性。然而，一旦她們安於現狀，不上美容課了，就很難找到潛在的顧客或者可能成為美容顧問的人選，她們甚至不知道為什麼會這樣！更嚴重的是，一旦她們自己不上美容課後，也就不再鼓勵團隊當中的美容顧問去上了。你是否注意到，當你去做自己教別人做的事情時，總是會變得更熱情呢？

一位領導者不僅要在外表上提供良好的典範，在工作習慣上也得如此。領導者的形象很重要。我們從事的是和美麗有關的事業，所以我們務必要表現出良好的形象。但由於我們的美容顧問都是自雇的獨立事業經營者，所以她們有權利穿自己想穿的衣服，此時就得靠業務督導來以身作則了。當一名業務督導的穿著完美無瑕時，就可以提醒其他人：適當的穿著可加強她們美容專業的形象。我一向以銷售隊伍能遵循這項慣例而自豪。而我自己，即使是週末或深夜留在辦公室，我都非常注意自己的穿著，因為我覺得樹立榜樣對我而言很重要。

當我的外表未能展現出最佳狀態時，我會拒絕訪客到我家中。身為一家化妝品公司的創辦人，我認為我必須展現特定的形象。也因為如此，如果不是穿著妥當，我就不會去應門。我甚至放棄了過去的一項我最喜歡的嗜好——園藝。我覺得不該被人看到我在院子裡滿身泥巴的形象，那樣不太合適。

我的這些習慣都為人所熟知，我以自身行動告訴首席督導要以身作則，所以她們每一位都穿得很整齊，足以做為她們家族裡上千名美容顧問的典範。

即使是公司的男性員工，也會受男性領導者的穿著所影響。幾年前，理查還只有二十幾歲時，他決定要穿休閒服來上班。不出幾個禮拜，所有男性員工都紛紛改穿起休閒服，而不再穿三件式的西裝了。當意識到這種情況後，理查馬上恢復穿較恰當的上班服裝，沒多久其他人也恢復了原狀。

人們經常會模仿領導者的工作習慣和自我紀律——不管是好是壞。如果一位領導者經常遲到、午餐時間過長、私人電話過久、經常離開座位喝咖啡、不時看錶想著下班的話，他的部屬也會跟他一樣。幸運的是，員工也會模仿領導者的好習慣。我每天都將桌子整理好才下班——將未完成的工作放入我所謂的「思考包」中帶回家。我喜歡「今日事今日畢」。儘管我從未要求部屬如此，但我的秘書以及助理們，也都會將他們的「思考包」帶回家。

靠經驗來管理

一位優秀的經理人不僅靠理論，還要靠經驗來管理。單純的訓示是不會引起注意的，除非你能加上一些有力的證明來支持你要求別人做的事。有什麼最好的證明比得上讓他們知道你也做著同樣的事呢？這便是如何在我們的公司推展一項有效計畫的背後邏輯基礎。我們要求美容顧問一個星期舉辦十堂美容課。我們知道如果她們一天舉辦兩堂，她們的收入機會大幅增加。所以，當我開完一次領袖會議的回程路上，我們公司的行政人員就開始設計一個計畫來完成此目標。在下一次的員工會議中，我覺得有種特別的氣氛。最後，一位新來的人員被推選出來告訴我一些事。

「玫琳凱，」他帶著高度的熱情說，「我們有了極佳的構想，相信妳一定會喜歡的！」

說到這裡，他站了起來，開始興奮地在室內來回走動，有如一個等待太太生產的丈夫。

他又重複了一次：「妳真的會喜歡它，這個企劃案真是太棒了，而且我們知道它一定會成功。」

「是怎樣的情形？」我平靜地問。

「玫琳凱，我們決定，如果妳每個禮拜也能夠上十堂美容課，就可以讓所有業務督導和美容顧問明白，如果妳做得到，妳　所做的一切，她們也能夠做到！」

他環顧四周後，謹慎地加上一句：「妳願意這麼做嗎？」

十年來，我甚至加起來沒舉辦過十堂美容課，這真是一個令人震驚的想法，我在會議桌前不禁沉思了起來。

「當然，公司的最高主管不必做如此的犧牲。」他坐下時說。

但我想如果我能完成，別人就不會懷疑她自己不能完成了。

「這真是個很棒的構想，」我大聲說，「就這樣辦吧！」

過了一會兒，我才開始感到驚慌失措。我如何去找十個人來參加這十堂美容課呢？我的朋友大都已參加過好幾次美容課了。那些還未上過美容課的，大概也已不是我的朋友了。然而我靈機一動，向那位年輕的發言人問道：「菲爾，你來公司沒多久，你太太卡洛是否曾經上過玫琳凱的美容課呢？」

「沒有。她從未上過。」他這麼回答。

「很好，你打電話跟她說我會打電話給她。我想她一定會喜歡這種新鮮的經驗。」

我看看會議桌上的其他主管，剎那間我發現其中幾位業務主管的太太也從未上過玫琳凱的美容課——包括我的兒媳婦，公司總裁的太太。我感到驚訝的是，上百位美容顧問經過這些主管的辦公室，卻從未想到要問：「你太太曾經上過玫琳凱的美容課嗎？」於是，我只是將目光朝向最顯而易見的地方看，環顧四周的人，就完成了原先看似不可能的任務。我們的業務部門根據此計畫推展了盛大的促銷競賽。競賽的目的是看誰舉辦的美容課最多、銷售業績最高及預約的美容課最多。為了確保我能夠真正舉辦十堂美容課，我還額外預約了四堂以防萬一。我甚至聯絡了我的股票經紀人，希望在星期六下午為他舉辦一堂關於男性保養品的美容課。

預約美容課還算是這項挑戰當中最簡單的部分。大家都忘了我們的產品在過去十年來有了多大的演進。當然，我親身參與了這些變革，但我從未親自銷售這些新的眼影，或紀錄皮膚的色澤差異。我甚至不知道如何去裝配我們最新的美容展示箱！於是，我和拉奎達．麥可倫（LaQueta McCollum）聯絡，她是達拉斯地區業務督導中的超級巨星，我請她當我的業務督導。她為我解說所有的新產品，並幫我下了一筆價值四千美元的產品訂單準備用來銷售。我對這麼高的金額大感驚訝，告訴她：「拉奎達，如果我將這些產品帶回家，告訴我先生要銷售這麼多的產品，他一定會說我瘋了！」

「不，」她堅持說，「相信我，我知道妳做得到。」在競賽前的一個週末，我取出這些價值四千美元的玫琳凱化妝品，其中有我們生產的每一種不同顏色的產品。面對這些產品系列，我感到有點難以招架，同時又覺得很害怕。業務部門早已在《喝采》雜誌中宣佈我接受了這項挑戰。成千上萬的美容顧問都在心中自問：「她能做到嗎？」因此，如果我做不到，我將在全公司的人面前抬不起頭來，我如何承擔得起？她們將永遠不會相信我說的話了。

我花了好幾個小時練習——訓練自己記住每一項產品的細節，我甚至還閱讀最新的產品文宣，並重讀我自己多年前寫的教育訓練手冊。

星期一早上，我在兒媳婦家中舉行第一堂美容課。此時你也許會說：「當然妳會成功，因為妳是公司的創辦人。玫琳凱主持的美容課，誰會不來捧場？」但我要求每位女主人先不要告訴來賓這些美容課是我主持的。請相信我，很少人認出我來，沒有一個人因為我是玫琳凱而購買我的產品。我像許多別的美容顧問一樣要面對她們的藉口與拒絕：「我昨天才買了化妝品。」「我不需要用特殊的產品來洗臉，我只要用品質好的肥皂和水就夠了。」「我丈夫剛剛失業，我小孩又在長水痘。」

到了週末，我已經舉辦了十堂美容課，又預約了另外的十九堂（之後我把這些課轉介給了別人），招募了兩名新美容顧問，銷售總額達到兩千五百美元。當宣佈該週最佳業務員時，我竟然名列全美第三！想想我已經有十年沒有舉辦過美容課了，這種成績實在不壞。知道自己能夠再成功地舉辦美容課，是一種極佳的感受。我們公司的業務部門說的不錯，這對鼓勵銷售隊伍的士氣，的確有極大的幫助。

我相信每位業務經理都聽過這樣一句話：「事情跟你當年做業務的時候已經不一樣了……」這也許是有史以來最古老的藉口吧。我確定世界上第一個業務經理一定從世界第一個業務員口中聽過這句話。雖然事情會隨時間而有所改變，但生意的基本原則是不會改變的。我想最能鼓舞業務人員士氣的，莫過於領導者身體力行，顯示自己仍有能力從事銷售工作。

言教不如身教

多年前，當我還是一家直銷公司的全美培訓主管時，我到處出差，主持各地的業務會議。如果會議是在早上舉行，我會在前一天抵達，為其中一名業務員舉辦一場展示派對。第二天如果有人說：「那套方法只適用於十年前，玫琳凱，時代不同了。」我會回答：「昨天我和瑪麗亞在一起時，這套方法還適用，讓她賺了兩百美元。可見這套辦法不僅適用於休士頓，也適用於波士頓。」這使我贏得許多人的信服。

由此可知，領導者的形象奠基於許多複雜的因素：如你是否瞭解公司產品、有好的人品、是否自重、有良好的工作習慣，以及你是否能證明自己對部屬的問題有全然瞭解的意願。如果你是一位女性，你還會遭遇到許多額外的挑戰。

從事別種產業的女性主管會問我：「玫琳凱，妳如何處理憎惡女性上司的男人這個問題？」另一個我經常聽到的問題是：「而對於不喜歡她們的經理是女性的女性員工又該如何呢？」我會告訴她們，我從沒有遭遇這類問題。但我知道其他女性主管的確有此困擾。「你是怎樣的人其實都沒什麼差別，」我說，「你可以是七尺高的紫色怪物，但是只要你能證明你說的道理自己都做得到，你就能得到應有的尊敬。」當然，女性可能要比男性更努力工作，才能證明她的才幹。但天底下又有哪種職業不是如此呢？

最後，我最為惱怒的，是領導者不使用自己公司的產品。我曾經看過凱迪拉克轎車的經銷商開著賓士轎車，人壽保險公司的經理自己沒有買保險，這不僅不利於公關形象，同時會對公司員工產生最壞的影響！我認為一個領導者應該使用自己公司的產品，而且應該引以為豪。我有次注意到我們有一位主管使用別家公司的粉餅和口紅。一天她在補妝時，我走到她桌旁，誇張地說道：「老天爺，妳在幹嘛？妳不會在公司裡使用別家品牌的產品吧！」儘管我是帶著幽默的口吻說的，她還是明白了我的意思。過了幾天，我送她玫琳凱的口紅和眼影。今天，所有的新員工都會拿到玫琳凱的產品，而且還有詳細的產品示範，在往後購買產品當然還有折扣，我們必須以身作則！

看到陌生人使用我們的產品會讓我很高興。最近我有一次搭乘飛機，坐在我前三排有一位女性，拿出我們的口紅和眼影在機上補妝。我跟空中小姐說：「麻煩妳跟那位女士說我謝謝她。」儘管空中小姐覺得我很奇怪——但她還是告訴那位女士了。那位女士轉過頭來看我，我用唇語又說了一次謝謝。當飛機著地後，她等著和我一同下飛機。她說她認得我，並表示非常欣賞我們的產品。我自然是受寵若驚，也深感驕傲。我非常相信我們的產品，所以我不但自己使用，同時也願將它和我的家人、朋友分享。

身為一名領導者，你必須擔負重大的責任，而且職位越高，你越要注意傳達適當的形象。身為領導者，你隨時是別人目光注意的焦點，當然必須行為得當。以身作則——你的部屬也會很快地追隨。玫琳凱公司的所有員工和銷售隊伍都相信這句話——領袖的速度就是團隊的速度。

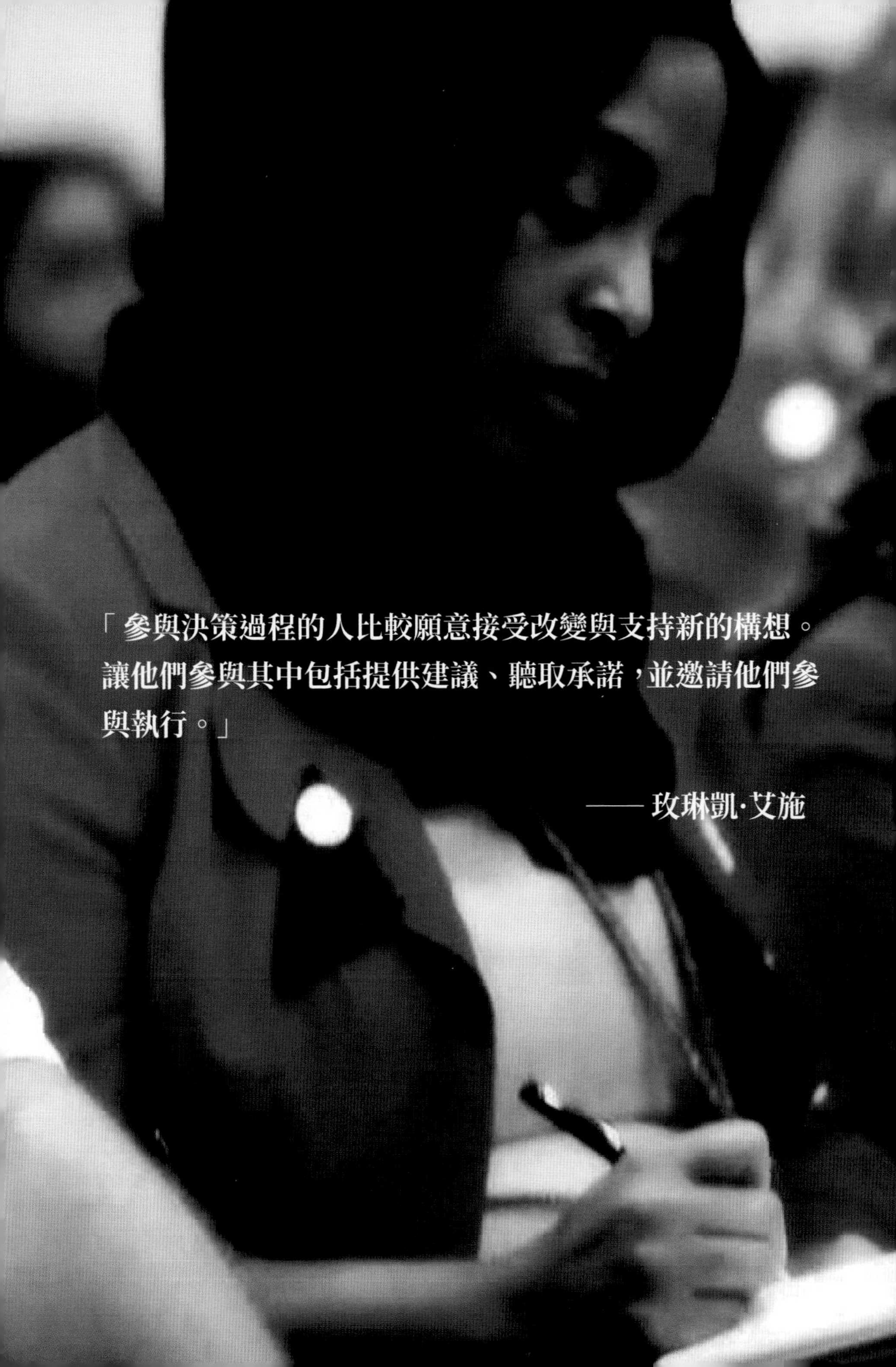

「參與決策過程的人比較願意接受改變與支持新的構想。讓他們參與其中包括提供建議、聽取承諾，並邀請他們參與執行。」

—— 玫琳凱·艾施

第十堂 人們會支持他們參與創造的事物

第十堂
人們會支持他們參與創造的事物

有一次，一家競爭對手的助理副總裁來找我，要我給他一份工作：「我已經走投無路了，玫琳凱，」他悲傷地說，「我們公司已經沒有發展的餘地，我覺得在那裡沒有任何前途可言。」

在我們交談一陣子之後，我發現了他真正的不滿所在。這家公司正在修訂行銷策略，但他並沒有被邀請參與該修訂委員會，據他說參加者都是「公司的高階主管」。現在，他猛烈地反對公司所做的任何改變。他很仔細地逐條分析，向我解釋他不支持的理由。但是，該公司的修正策略在我看來是很完善的，我不得不認為真正的問題，是出在他沒有被邀請參與這項修訂的過程。如果他是委員會的一分子，我覺得他就會站在支持的一方。他是一個聰明的年輕人，很可能對公司有所貢獻，但這種冷落使他反而想要辭職。他的自尊被傷害了。每個人都有自尊，不管你喜歡與否，每個經理人都必須在做任何和部屬有關的決策之前，考慮到這個事實。

當決策關係到公司高階人員的結構時，自尊就成為一項重要的考慮因素。我曾聽說在七〇年代的那次能源危機期間，一家製造公司想尋找減少開支的辦法。預算委員會注意到所有的主管搭乘飛機時都是坐頭等艙，因此建議往後只有在某一個階級以上的人，才可以擁有這種豪華的享受。這個委員會對主管們進行意見調查，結果發現他們對此有驚人的反彈。他們覺得這個方法會產生一個階層體系，將管理階層分成一級和二級主管——可以享受這個待遇的和不能享受的。要取消主管們已擁有的「特權」，會導致既得利益者的反抗。調查結果顯示，這種做法將使士氣低落，於是公司只得繼續允許主管乘坐頭等艙，找尋其他方法來減少開支。但由於調查已提醒主管必須減少公司的經費支出，於是有很多主管提出其他減少開支的辦法。事實上，他們所提建議的效用比公司原來削減頭等艙乘坐權利的效用大多了。

我們抗拒改變，甚至在我們不欣賞現有事物的情況下也是如此，我看過人們一面激烈地抨擊舊體系，一面又強烈地反對任何改革的建議。畢竟，改變表示人們必須有所行動，要進行調整，做些不同的事。對大多數人來說，保持原狀容易多了。

當改變是必須時，進行改變的不同方式會導致相當不同的反應。透過傾聽讓他人參與決策的做法不僅可以避免傷害他人的自尊，同時也可以讓他們感覺受到尊重。

但是，讓更多人參與決策也有缺點。決策諮詢的人越多，機密資訊外流的機會就越大。當然，增加參與人數也是一件費時的工作，可能會讓變革延遲，雖然存在這些風險，但它可換來高昂的士氣。我認為讓員工參與對他們有直接影響的決策是很重要的，所以我總是願意冒此風險。如果你希望部屬全力支持你，你就必須讓他們參與整個過程，而且，越早越好。

抗拒改變是人的天性

我曾在一家公司工作，這家公司的老闆決定改變業務經理的佣金比例。公司所有的手冊和文宣也都跟著改變。他計畫在一連串地區銷售會議中，由他本人來宣佈這一個改變。我陪伴他參加了第一場會議，那次經驗我永遠也忘不了。

面對著五十位銷售經理，他宣佈將原先百分之二的團隊業績佣金抽成減為百分之一。「然而，雖然損失了百分之一的佣金，但你每招募進來一名新人並予以培訓，就能獲得一份非常精美的禮物。」說到此，他掀開了白色的桌布，露出底下的幾樣小家電，像時鐘收音機和卡帶錄音機等。「你可以自由選擇，」他繼續說，「只要你幫公司培訓更多的人才，你就會獲得更有價值的禮物。」

這時，一位業務經理站起來反對。她非常憤怒地說：「你竟敢這樣做？百分之二的佣金都已嫌少，你竟然還要再減半，更不用提那些無價值的小禮物了。這純粹是一種對我們智商的侮辱。」她一說完便氣沖沖地走出去。其他的業務經理跟著她——五十名通通跟著出去。一下子，這位老闆喪失了他在該地區——也是全美最好的整個銷售組織。我一生中從沒看過改變造成如此壓倒性的抗拒！這場會議是在星期五開始的，原來計畫要持續整個週末。但在發生這個出走事件之後，那位老闆星期六早上就飛回德州了。整個週末，他下令重印所有的業務文宣資料，保持原來百分之二的佣金。星期一我們再去參加另一場會議時，就好似什麼都沒發生一樣，但原先那個地區的業務組織整個消失了！一個人也沒回來。

這個錯誤為我上了非常寶貴的一課，讓我瞭解到人們如何抗拒改變。人們不喜歡放棄他們已經擁有的，不僅如此，人們對任何行動都會產生本能的抗拒。抗拒改變只是因為那是新的，並與以往不同。因為我們容易滿足現狀，要做改變就需要費一番工夫。有些讀書或唱片俱樂部就是利用這種大多數人會逃避採取行動的事實來牟利。這些俱樂部每個月會寄給會員一張卡片，如果會員不擬購買，就得將卡片立刻寄回去，換句話說，為了不購買，他們必須採取某些行動！這叫做「負向選擇」（negative option）。在這種情況下，購買要比決定不買簡單得多。

爭取所有受影響者的支持

最近，當我們調整銷售團隊的架構時，我們就碰到了人們抗拒改變的典型例子。簡單地說，我們只是將小組長（介於業務督導和美容顧問中間的位階）的獎金比率提高，藉此提昇她的地位。此外，當她的銷售業績達到一定的金額時，她還有資格使用一輛轎車。雖然小組長得到的轎車價格比公司提供給業務督導的為低，但是汽車和小組長新地位這兩種條件，對那些在那個級別表現良好的女性還是提供了莫大的鼓勵。

無疑地，小組長必然歡迎這種新規定。同樣地，我們也預料業務督導會樂於接受，因為這將激勵她們的小組長提昇銷售業績，而她們自己也有獎金可拿（補充一點，增加的獎金和汽車都將由公司負擔）。在銷售團隊當中怎麼可能有誰會不歡迎這種改變呢？

但抗拒依然存在！我們在達拉斯召開的一場會議中首度提出這項新計畫。然後，當我們準備將這項計畫推廣至全美時，有幾位業務督導聽到了一些不正確的「謠言」。她們害怕提昇小組長的地位後，會降低她們業務督導角色的重要性。當我們和她們見面，詳細說明這項計畫後，她們都很高興地接受了。人們會支持他們參與創造的事物。當你計畫改變現狀時，要把這點牢記在心。在這個例子中，我們和首席督導密切合作，但我們沒有考慮到那些業務督導會覺得這種改變是一種威脅。

在玫琳凱公司中，我們渴望員工提供他們的構想，我們鼓勵並且公開邀請他們表達想法，他們的參與對公司的成長和壯大非常重要。你越是鼓勵他們參與某項新計畫，他們就越會支持它。相反地，如果被排斥在外，他們就越反對它。

在一家公司中引進變革的最佳方法，或許是一方面固守原有的基礎，一方面尋找使營運更有效率的方法。仔細關注潛在的改變很重要。但是在大多數情況下，你必須固守成功的基本要素。在我們的事業中，已經開發出許多彼此相輔相成的化妝品，包括最流行的腮紅和唇線筆顏色，但我們一直認為公司最有力的產品是皮膚保養品。儘管每家公司都需要創新，但沒有一家公司會因為急著想要適應改變而動搖事業的基礎。

事實上，在過去的二十年間，我們的行銷計畫並沒有重大的改變。當競爭公司推出上百或甚至上千種產品時，我們總是試圖限制產品的種類數量，藉著限制產品的項目，才能使銷售隊伍對每一項產品都能瞭若指掌。我們開發新產品的想法，大都來自銷售隊伍的建議。我們有幾十萬使用和銷售玫琳凱基礎保養品和化妝品的美容顧問，還有數百萬名女性消費者，自然不會缺少想法。每週，行銷部都要仔細審查許多新的構想，再從眾多的銷售團隊成員中獲得回饋意見，在得到這些意見之後，這些概念會交由其他部門處理，諸如研發部門、製造部門和法務部門。我們希望這過程當中參與的人越多越好。

我們也經由此種構想處理流程來改良我們的基本產品。針對化妝品行業所做的研究早已指出，這款單一產品享有最大的顧客忠誠度。因此，拒絕改變的心態——不管是來自美容顧問還是顧客——對我們的市場地位都有著顯著的影響。所以，我們讓七千名美容顧問直接參與試驗和評估流程改變。當她們深入參與時，改變就變成了她們自己的計畫，也就比較能接受，其效果比起僅僅拿一個新產品要求她們去銷售要好得多。

許多公司都因為採取自上而下的做法而失敗。有太多的主管告訴下屬：「你們負責把這個產品銷售出去就好，其他的由我們來負責。」不管他的建議如何實際，這種態度都會引起抗拒。人們希望感覺到他們對影響自己生活的事物能有所貢獻，如果他們不能有所貢獻，就會覺得不被重視，受人操控。

這讓我想到，一位太太如果告訴她先生，她已把家中所有的儲蓄都投到股票上，她先生會有什麼反應？就算這個決策是對的，先生多半不會接受，因為太太沒和他商量。如果先生為了給她一個「驚喜」，而接受朋友共度假期的邀請的話，女性也會有同樣的反應。但如果先生事先徵詢她的意見，她也許會喜歡。可是由於先生擅自做主，妻子肯定要反對。　我們常常和銷售隊伍商量過後，才將想法付諸行動。我想起一個起初完全是個人問題的例子。我們公司有一位女職員，每天上班總會晚到幾分鐘。她工作很出色，但在一年中，她每天遲到的時間加起來也很可觀。我多次要求她準時，但她依然會遲到。最後我只好堅持說，如果她繼續遲到的話，我就只好請她另謀高就了。

她解釋說：「玫琳凱，我無法準時在八點半上班。我有四個小孩，要叫他們起床，餵他們早餐，送他們上學，而且最小的孩子要八點半才出門。」我們共同討論這個問題，我問她有何建議。「如果我能每天早上十點鐘上班，一直工作到下午六點，我就能送小孩上學，而且不用匆忙地趕來上班。」當時彈性工時的觀念還未被接受，不過我想那倒是一個很有創意的點子。由於公司規模尚小，所以我們對她特別通融。

我們有一個實際的問題存在，然而我鼓勵她共同來找出答案。如果我片面宣佈改變她的工作時間，她也許會抗拒，因而工作不快樂。但換另一種方式，她則會加以支持，從此不會再有上班遲到的問題。

尋求上司和下屬的支持

優秀的領導者會尋求更高管理階層的支持，正如一個經理會問他的部屬：「你認為如何？」或是「你會怎樣做？」他也會很聰明地尋求上級的回饋。舉例來說，他也許會跟上司說：「我需要您的幫助，您從事這一行很久了，您的見解一定是很有價值的。」可以想像那位上司會是何等高興，下屬竟會尋求他的建議，因此他給予的建議也必定很有價值。領導者在職業生涯中應該不斷地尋求良師的建議：「你認為怎樣？」或者「我們照你建議的方式去做，結果好極了，現在又有另外的問題需要你的指導……」我很難想像，一個人從構想的孕育到完成，完全不需要別人的幫助。但在此過程中必須記住一點：如果你徵求主管的建議之後，不打算照著做，一定要把你不如此做的理由告訴主管，然後再一次要求他或她的參與。

我所說的每個人都喜歡參與新計畫，當然也包括我自己在內。最近，在一次會議中宣佈了某項產品可能有所改變。當行銷部人員在解釋這項改變時，我坐在那兒覺得很愚蠢，因為我事先一點都不知道這件事情。在休息時間，我走近那位行銷部人員，問道：「為什麼沒有人告訴我這回事？我第一次聽到要做這項改變。」

「我和妳討論過了呀！玫琳凱，大約一年半前就和妳提過這回事了。」

「一年半以前？」我回答，「我根本記不得了。」

「很抱歉！」她說，「但我看妳那麼忙，所以在那次簡短的會晤後，就再也沒有找妳商量了。」

儘管她的主意很好，但我第一時間的反應是站在對立的一方，企圖找出這項計畫的任何不妥之處。我發現我在反抗它。為何我會有如此反應？因為我也一樣，支持我曾參與創造的事物。大家都是如此！

女性與改變

有時，人們會說因為我們的銷售隊伍主要是由女性組成，我們在變革上必然會比其他公司遭遇的阻力更大。我認為假設女性比男性更抗拒改變的說法相當不公平。事實上，我認為應該反過來。

對每一位想在事業上獲得成功的男性或女性來說，適應改變的能力是一項值得推崇的特質。儘管如此，我們認為改變不一定是必要的。為改變而改變沒有任何意義，只會增加失望的機率罷了。假如情況的確需要改變，就正面迎接挑戰，仔細考慮各種選擇，衡量利弊，然後選出最佳的行動方案。如果目前沒有合理可行的選擇方案，那就保持原狀，等待較佳方案的出現。如果無路可走，又何必離開呢？

在玫琳凱公司，我們會仔細考慮改變，而且我們也知道人們對他們所參與創造的事物會很有興趣。儘管今天我們的銷售團隊是世界上最龐大的組織之一，我們在開發一項新產品之前，還是會努力爭取各方的支持。有時會因此而延遲產品的問世——也許較預期為久，但我們還是願意做此犧牲，因為我們認為讓人們有參與感極為重要。一旦產品開發成功，那就變成了他們自己的產品！

「經驗告訴我
除非人們覺得領袖真的在乎他們和他們的問題，
否則他們不會願意跟隨任何人。」

——玫琳凱·艾施

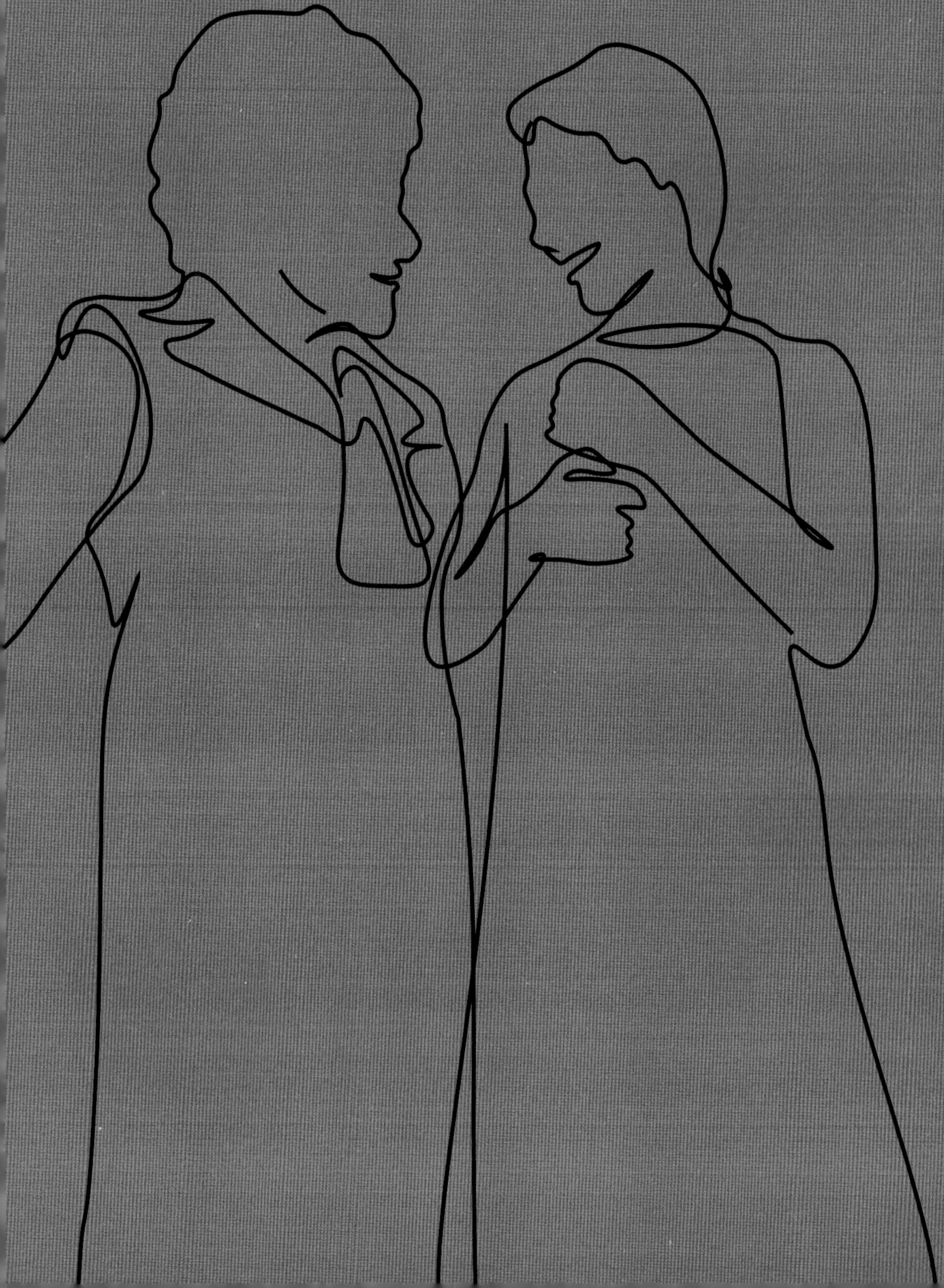

第十一堂　大門敞開的哲學

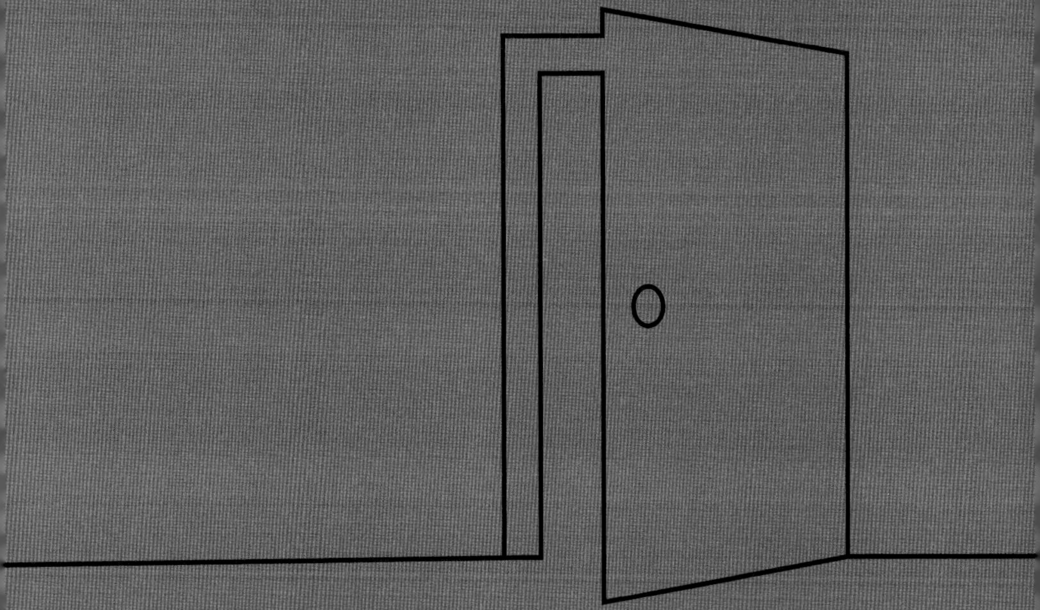

第十一堂

大門敞開的哲學

我辦公室的大門永遠敞開著——對那些想來拜訪我的人而言，這是一種持久的邀請。我們公司所有的辦公室也都如此。每天都有數十位訪客、美容顧問和業務督導來到達拉斯總公司參觀。我們在公開的空間裡工作、創作與開會。雖然我們有時會被門外的閃光燈嚇到，但那只是我們營造這種輕鬆而又友善的氣氛，所必須付出的小小代價罷了。

雙向的大門敞開

單是塑造公司形象而言，大門敞開哲學存在的理由已經顯而易見了，然而它還有更實際的一面，即大門敞開是雙向的，在他人瞭解我們的同時，也讓我們有機會真正瞭解我們的成員。我們是一家「人對人」（people-to-people），而不是「辦公室對頭銜」（office-to-title）的公司。

因此，你在我們公司的辦公室門上，不會發現任何頭銜。二十年前，當我兒子理查和我創辦這家公司時，我們是僅有的主管階層，當時我們就這樣做了。如果董事長和總裁都沒有花俏的名牌，那麼其他主管也都不需要了。我們同時也藉著互相稱呼對方的名字，來營造友善和輕鬆的氣氛。我曾經在一家公司工作了好幾年，公司的老闆總是堅持別人稱他為「先生」。我從不認為這種正式的稱謂是必要的，所以在我自己的公司中，我堅持別人叫我「玫琳凱」。當然在公司剛創立時，理查只有二十歲，他覺得被稱為「羅傑斯先生」是件很古怪的事。但過了二十年，每個人還是叫我們玫琳凱和理查。

每個月，我們都會為所有的新進員工舉辦一次培訓。我們有正式的歡迎演說，並由各部門的主管解釋公司的福利和政策。對我來說，最重要的是我能花一個小時的時間，來瞭解這些新來的員工。記得在早期，我還親自參與招聘、錄用以及訓練每位新員工的工作。現在人員變動太多了，同時人事行政也變得太過複雜，我無法一一參與。但人還是人，二十年後我對這些新員工所感到的驕傲和責任感，還是和我二十年前雇用第一個人時同樣強烈。

在會議剛開始時，這些新員工會在相當長的時間內保持沉默，且有些緊張，不知該期待什麼。我則會先致一段簡短而溫暖的歡迎詞，然後在一種輕鬆的氣氛下，我告訴她們公司創立的經過。我總是解釋我們的理想是要豐富公司每位員工的人生——不僅是在財務上，而且在情緒上、精神上也要做到。這是我們一貫的宗旨！我希望他們能喜愛他們的工作，同時也歡迎他們提供意見和想法。在我簡短的演說後，我會請他們進行自我介紹。幾乎每個人在提問時，總是說：「艾施女士……」「請你們叫我玫琳凱，」我打斷說，「如果你們叫我艾施女士，我會認為你們是在對我生氣或者不知道我是誰。所以，你們叫我玫琳凱就好了。」稍後，我會告訴他們：「我不要你們當我是公司的董事長，希望你們把我當成朋友。」最後，在她們離開之前，我會說：「如果你們需要和我交談時，請記住我的門總是敞開的。」

我們公司有成千上萬名美容顧問，我當然不可能和每位有問題或有疑問的人商談。正因為如此，我有一位行政人員全天候地幫助我處理信件和電話。我的行政助理珍妮佛庫克（Jennifer Cook）或艾瑪湯森(Erma Thomson)會首先把電話轉給最適合的人員來處理。當一位美容顧問要求和我談話時，珍妮佛或艾瑪會問她緣由，並解釋說由於公司規模太大，我不能夠親自處理所有的事，然後她會提出將電話轉給負責此問題的人。但如果電話只能由我處理，她們兩人會立即接進來給我。從我接聽一位住在密西根的年輕女士的電話，就說明了這種情形。

「請問是玫琳凱嗎？」

「是的，我就是玫琳凱。有什麼事我能幫忙的嗎？」

「玫琳凱，我很沮喪。」她說。

「出了什麼事嗎？你家人都還好吧？」我問。

「哦！不是那回事，我只是做不好工作罷了。」

我們交談了一會兒，最後我告訴她：「讓我來告訴妳接下來要怎麼做。我們將為妳舉行一次特別的競賽，我要妳下週預約十堂美容課，當妳上完十堂課後，我要妳再打電話告訴我進展如何。」

「十堂美容課？」

「對！」我回答，「我要妳打電話給妳記事本中的每位女主人，告訴她妳剛和玫琳凱談過，說我特地為妳舉行一次特殊的競賽，讓她知道妳很想贏得這場競賽。最後要求她下週做一次女主人，舉辦一堂美容課。」根據她告訴我的情況，我知道她的困難是：她一個月頂多上一到兩堂美容課。從她的談話中，我知道以前的女主人都很樂意接受她的請求，給她更好的機會來上更多美容課。我知道只要有足夠的機會，她會做得很好的。她需要的只是自信而已。

「玫琳凱，我會盡最大的努力，不過最近我運氣不佳。」

「妳一定會做得很好的，」我向她保證，「要記得告訴她們，妳要參加我為妳準備的競賽。我預祝妳成功！不要忘了打電話告訴我事情進展得如何。祝妳好運！」

在下一個禮拜結束時，她打電話告訴我，她賣了七百四十八美元的產品，這不僅是那週的最高銷售紀錄之一，更是她自己的最高紀錄。儘管她沒有預約到十堂美容課，她已經很高興了，完全擺脫了往日的沮喪心情。

一位優秀的領導者必須是團隊的一員

有一次，一位首席督導的先生病得很重，我知道她一定很煩惱，為此我打電話到醫院告訴她：「現在妳要陪著他，專心為他做所有妳能做的事，不要擔心工作。在妳的首席督導家族中，有很多非常有才幹的女性。她們都知道這個情況，也都願意更努力工作來表達對妳的愛。我們會為妳祈禱，我希望妳明白我願意為妳做任何事，妳儘管開口……」我認為當一個人遇到家庭危機時，還是應該把家庭擺在事業之前。

一名員工曾表示，他很慶幸能在一家關懷員工的公司工作。「這和我以前的老闆截然不同，」他私下告訴我說，「有一個星期六早上，我開車經過老闆家門口，看見他正在整理草坪。由於我和家人剛搬到此地，所以我很高興看到熟面孔。我把車開進他的車道，把車窗搖下來和他打招呼。『你好嗎？』我問候他，『你知道嗎？我們還是鄰居哩！我就住在兩條街外。』」

「我第二句話還沒說，他便說：『讓我們把話說清楚。我們只是在一起工作，並不表示我們可以像鄰居般交往，而且我從不和部屬來往，所以請你以後不要再來拜訪我了。』」

「玫琳凱，」他繼續說，「我真是失望透了。儘管他在辦公室和我見面時還裝作一副沒事的樣子，但我已喪失了全部的工作熱情。」

我真驚訝，竟然會有人如此對待別人。但我只能向他保證，我確信玫琳凱公司的人員都不會以這種態度待人。「如果你碰到的是我們公司的人，他一定會說等他割完他家的草坪後，再去割你家的草坪。」我開玩笑地說。

儘管聽起來讓人難以置信，但是有些經理人是有意採取「門戶緊閉」的哲學。我知道一位不動產經紀人，讓他年輕又沒有經驗的兒子擔任公司的業務經理。由於覺得自己不能再像往日一般活躍於房產市場上，所以他指示公司的二十二位代理人直接向他的兒子彙報工作。這位不動產經紀人不僅拒絕接聽所有來自銷售代理人的電話，同時還將辦公室的門鎖起來，使他不會被打擾。一名在該公司服務了十二年的代理人告訴我，她在公司和這位經紀人偶然碰到面的情形。她很天真地問他有關她正打算銷售的土地的財務問題。他竟然大聲咆哮說：「不要再問我任何問題，我不想再聽到有關這一行的任何事情。我和這家公司的任何人都已經完全沒有關係了。」他的兒子像他一樣，也總是將門關住，當然原因不同。他是因為工作負荷過重，完全不能適應並且缺乏安全感，所以他總是躲著銷售團隊。這家公司的「門戶緊閉」哲學敗得很慘。

一年後，銷售團隊只剩下三個銷售代理人——他們是最差的三個，因找不到別家公司才留下來。「門戶緊閉」哲學，使得一家原本生意興隆的公司就這樣倒閉了。

我深切關心我們公司的員工。我不像其他許多主管，由於本身缺乏安全感，他們在對同事表示親切時會覺得不自在。我從來不會掩飾自己的熱情。當一家大公司的高階主管有此想法時，它就會擴散到整個公司中。例如我每天來上班時，都會向保全警衛和大廳裡遇見的人親切地打招呼。儘管由於公司龐大，我無法一一記住對方的名字，但我還是微笑著和我遇到的每個人親切問候。

你曾經參觀過員工彼此不講話的公司嗎？那就有如是在一家充滿陌生人的百貨公司。我曾經參觀過一家公司，員工彼此不打招呼，他們各管各的，就好像別人根本不存在似的。你一定猜不到他們在為同一家公司工作！在我們公司裡，交談永遠進行著。「嗨！週末過得如何？」「牛仔隊在星期天的比賽表現還不錯吧！」「你女兒昨晚的生日派對如何？」甚至彼此不認識的，也會在一起交流。這使我想起有一次一位男士走進我們的接待大廳，找了個位子坐下，也不說他找誰。所以櫃檯人員就走向前去問他：「先生，我能為你做什麼嗎？」

「不用了，謝謝！我只是進來讓自己充個電。你知道我整天拜訪各家公司，但遇到的人大都不太友善，有的甚至態度惡劣。但當我走進這裡，每個人都是高高興興地笑臉相迎。」他停頓一下，又加了一句，「就好像沐浴在陽光中，使我覺得渾身舒暢！」

「就好像沐浴在陽光中」，我喜歡如此——這正是我們「大門敞開」哲學的最終目的。我們希望每位和我們接觸的人，都能感受到我們的溫暖。

「設身處地為他人著想，成功自然會找上門來。」

—— 玫琳凱·艾施

第十二堂 助人為成功之本

NEUMILLER
U.S. ARMY

第十二堂

助人為成功之本

創業最重要的目的是提供服務。每一個新事業都應該建立在這個大前提上，因為以賺大錢或消遣娛樂為目的，都不足以成為創業的理由。一家企業必須滿足某種需求。

每個人的工作都應該聚焦在這個目標上，所以身為領導者，我們最先要考慮的就是幫助別人。如果你集中注意力去幫助他人，那你就會因此得到回報。每當我們的業務督導來找我要在一美元上親筆簽名，以做為她們團隊美容顧問的獎賞時，我都會提醒她們這個事實。在我的名字旁邊，我會寫下「馬太福音二十五章十四至三十節」，這是先知們的預言，告訴我們要善加運用上帝賦予我們的一切，只要我們努力發揮天賦，上帝將更眷顧我們，賜給我們更多力量。我深深地相信這個哲理，我也經常在我的職業生涯中運用它。

在玫琳凱化妝品公司成立之初，我一心想要創造一家能給有志創業的女性朋友提供良好工作機會的公司。創造出一種可以幫助人們的產品也同樣重要。我們的肌膚保養品，確實能使女性擁有外在的美麗，同時內心也同樣感覺美麗無比。我深信幫助他人是我創業的最重要的動機，我根本不理會會計師和律師對我的忠告。

我的會計師看完我的財務計畫，對我說：「玫琳凱，妳的獎金計畫根本行不通，要是這樣做，破產只是遲早的問題。」

我的律師也有同感：「玫琳凱，妳對化妝品產業根本一竅不通，一點經驗都沒有。妳已經是個祖母級的人了，可別把一輩子的積蓄賠光了。」

他們都是我的財務專家，所以我很注意地聆聽他們的每一項建議，但是我還是決定繼續往這條路上走。這不是因為我太頑固，只是我相信幫助別人是一項最正確的經營準則，我願意以我的未來為賭注。

從那時起到現在，我們銷售團隊裡任何人為了成功所做的每件事情，都是以幫助他人為基礎而建立起來的。美容顧問幫助顧客；業務督導幫助自己的美容顧問獲得成功。公司的文化鼓勵每個人通過互相幫助爬上成功的階梯。一個只想到「我能得到什麼」的人，在我們公司裡是不會成功的。我們真誠地相信，只要你幫助足夠多的人獲得他們想要的，你也會得到你想要的。在我們公司裡，最成功的就是那些幫助最多人成長的人。

每一位玫琳凱化妝品公司的業務督導，都會為她團隊裡所有人的成就而高興。她不必害怕團隊的某個人表現得比她更傑出，威脅到她的事業。然而，在大多數企業裡，情況恰巧相反，通常一位成功的部屬會取代他頂頭上司的位子。我認識一位保險公司的地區經理，他老是認為部屬在算計他的位子，每天生活在恐懼中。他明白自己已是個五十多歲的人了，位子若被搶走，只怕公司裡再也沒有他的容身之地。這家公司在每一個地區只雇用一名經理，而且經理一定由本地區的業務員拔擢上來，而不經由其他地區調派上任。所以，這位經理知道，一旦他的位子被取代了，公司也不可能調派他到別的地區。目前他手下正有兩名優秀的業務員虎視眈眈地等待著，結果當然是他利用職權，費盡心思阻止他們離開銷售崗位轉追求管理職。我懷疑他為了保住飯碗，說不定還會逼得他們辭職呢！

公司的政策逼迫人至此，實在是一件很可悲的事。就長期來講，每個人（包括公司在內）都是輸家。聰明的人應該避開這種困境，找一家鼓勵員工互相幫助的公司，這樣，每一位員工才能各盡其能。

今日的女性經理人，經常被描繪成一個工於心計又冷酷無情的人；在攀爬事業階梯時，她會不惜踩踏任何擋住她去路的人。有時，別人對這種行為的解釋是，因為女性處在男性掌握的世界裡，欠缺安全感，隨時感到被威脅，因而得隨時戒備。我認為這種揣測對女性有欠公平。很不幸，因為女性的升遷大多仍舊慢於男性，所以女性在工作上的任何表現就容易招人側目。依我所見，一個充滿敵意的公司環境，對男性或女性都會帶來不良的影響。當一名女性按照男性所訂下的規矩行事時（事實上她也無從選擇），她的行動必然會更小心謹慎。然而，你也許會聽到男士們這般批評：「一個女性真不該做出這樣的行為！」甚至其他的女同事也會這麼想。不知要到什麼時候，類似的評語才會平息！我對那些在公司政策方面鼓勵「狗咬狗」的公司，相當不以為然。

好心有好報

「好人吃虧」——這句被已故棒球教練李奧．杜羅裘（Leo Durocher）發揚光大的俗語讓人把好人和輸家的形象連結在一起。許多人相信這句陳腔濫調，只因為它不斷被人掛在口頭重複著。很不幸，這句話似乎成為了自我應驗的預言。

大眾傳媒扭曲了現代企業領導人的形象，大家都集中焦點報導聳人聽聞的白領階層犯罪事件。我們這些企業領導人的慈善行為，反而沒有人報導。報紙熱衷報導華爾街的最新醜聞，卻忽略了公園或公立圖書館巨額的捐款來源。電影和電視仍然在塑造冷酷無情、唯利是圖、抽雪茄的勢利商人形象。看看那些電影中描繪的經理人嘴臉，其清楚地傳遞成功和正派經營彼此互斥的訊息，似乎掌管美國各行各業的人都是大壞蛋，不管他們抽不抽雪茄。

隨便在街上找個人，問他對於當前企業領袖的看法如何，他的回答極可能是充滿負面批評。你再問他，是否私下認識任何有成就的企業家，你也許會聽到他這樣回答：「是的，我知道某某公司的總裁。」

「他是個什麼樣的人？」

「噢，他是個很棒的人。」

「還有沒有其他人呢？」

「某某公司的董事長，他是我最喜歡的人之一。」

所以撇開個人的經驗不提，美國的大眾仍然對那些企業高層人士沒有好評。我相信這是對事實的一種扭曲。我個人認識不少大公司的執行長，他們都有很高的成就，大多數也都是誠實而熱情的人。我深切地相信，正直的好人比那些惡棍和流氓，更有機會在事業上有所成就。一位不善待下屬的領導者，最後將發現他領導的這些人，是一群缺乏動機、不快樂，而且充滿負面情緒的員工，身為這群人的領導者，他也不可能有所成就。

領導者的成就反映在其成員的成就上

我可以告訴你，在我們公司中，一個有私心的業務督導終究是要失敗的。為了在事業上有所成就，她應該以「什麼對我的團隊成員最好」為行事前提，而不是光為自己著想。假如一個業務督導企圖操縱她的美容顧問，你可以打賭，她遲早會失敗。她的成功，就如其他領導者的成就一樣，是完全建立在團隊成員的成就上的。唯有真誠的關懷，才能促使她的美容顧問改進她們的工作表現。假如她們不樂意改善，她們就不會努力，道理就這麼簡單。當男性員工和女性員工同時被一位關懷他人的主管激勵時，以我的經驗來看，女性會比男性做出更快的反應。這也許是出於女性的敏感，促使她對別人的關懷產生更積極的反應。她的反應出自內心的成分，可能比出自大腦的成分多些。

關懷，而不是利益，常會使我們的美容顧問對她認為值得尊敬的業務督導報以無限的忠誠。舉一個例子來說，我們有一位新的業務督導，因為有一些私人的問題，使她連續兩個月的業績下滑。如果第三個月的業績不能提高，她就可能失去業務督導的新位階。最糟糕的是，那時正值一月間，一股破紀錄的寒流正籠罩著當地，家家戶戶都緊閉門戶，不敢輕易外出。到了該月的第三個星期結束時，她的銷售業績依然嚴重落後。

這位業務督導是個討人喜歡的領導者，她團隊裡的美容顧問都很喜歡她。當她們得知若最後一週的銷售量不能達到預期的目標，後果相當嚴重時，兩位美容顧問首先開始動員起來，她們打電話給團隊裡的每一位成員。

她們解釋，倘若大家通力合作，每個人都分攤一些業績，就能保全團隊。出於對她們業務督導的一片忠誠，大家都齊心協力來提高整個團隊的銷售業績。

這種強烈的動機來自對領導者的忠誠，往往在她們與敬重與愛戴的領導者間存在牢固的感情關聯時，才會表現出來。我強調愛戴兩字，是因為人們顯然不會在他們不愛戴的領導者發生困難時，伸出援手。對領導者的忠誠並非憑空而來，也不是隨著地區而定，它必須是你努力的成果。所以當境況不佳時，平常不受愛戴的領導者，是很難得到支持和援手的，說不定部屬還會趁機落井下石呢！

有一點非常重要，我們必須牢記在心，那就是當一個「好人」並非事事答應。一位優秀的領導者必須在該說「不」的時候說「不」。他一定要恩威並重。比方說，他不能因為要員工喜歡他，而隨意給員工加薪。但是，他也不能在拒絕員工加薪要求時加上令人厭惡的責備：「我不僅不批准你的加薪要求，甚至認為你不值得我付給你現在這些薪水！」比較妥當的拒絕方法是將此人的生產力與公司的需求相衡量，然後基於他的工作表現，很有技巧地否定他的加薪請求。有些人對拒絕有很巧妙的竅門，小心謹慎到被拒絕者一點也不覺得被侮辱了，他們說不定還會加幾句鼓勵的話。例如，「讓我們坐下來好好計畫，看看你未來的十二個月該如何表現，以便爭取明年的加薪機會」。

有些領導者儘量避免說不，以免傷害到對方。他們不採取任何行動，希望問題會自動消失。但是，不敢面對問題或向員工投降，都不是一位優秀領導者應有的行為。這會給人軟弱的印象，也許這種好心真的會吃大虧呢！在一家運作和成長都很良好的公司裡，一位優秀的領導者只能以幫助他人來證明自己的價值。在這種公司裡，理想的晉升來自於公司的成長；工作的拓展提供了晉升的機會。這種成長的結果，促使身為領導者的人培養人才，以便填補那些因升遷而帶來的空缺，及供應新職位的需要。因此，一位領導者的成功是反映在部屬的成功上的。

我相信聖經上的一句話：「因為多給誰，就向誰多取。」成功的領導者明白自己的工作就是幫助自己的部屬。他也知道幫助他人的最佳方法是讓他們變強，這樣他們才能幫助自己。事實上，假如你幫人幫到對方得完全依賴你時，反而是害了他們，他們將會因此懷恨你。

有一則關於加拿大野雁的古老故事。每年冬天，野雁會飛行千里移居到溫暖地帶，然後在春天來臨時，再千里跋涉回到加拿大一座小村莊的田野。村裡的人都很喜歡這群野雁，每年都盼望著它們歸來。有一年的春天，由於天氣出奇地寒冷，地面都冰凍了，沒有任何可見的食物讓這群歸來的野雁充饑，為此，村子裡的人把食物撒在戶外，也為野雁們蓋了避寒的棚子。他們的本意是幫助這群野雁度過寒冷的冬天，以等待溫暖春天的來臨。

他們見到野雁們接受了他們的好意，大家很是高興，並繼續不斷地餵它們，餵過了春天，也餵過了夏天。等到秋天，野雁們一反常態，並沒有啟程南飛，相反地，牠們變得又肥又大，牠們的翅膀已無法承載牠們的體重了。當天氣越來越冷時，牠們就躲進村人為牠們蓋的棚子裡避寒。故事仍然繼續下去，但是它們再也不能飛起來了。

我們要幫助我們的團隊成員，但是我們不希望和加拿大村人犯同樣的錯誤。每一位美容顧問都得確保自己的事業不斷發展。我們以激勵、培訓等方式幫助她們完成這項工作。

如我曾提過的，若成為本公司最有成就的美容顧問，獎品是一隻鑲鑽石的大黃蜂別針。我們認為大黃蜂是一個很有意義的象徵。空氣力學工程師們多年前曾經「證明」大黃蜂無法飛行，因為它的翅膀太薄弱，身軀又太笨重了。幸運的是，大黃蜂本身並不知道自己的缺點，說飛就飛了。在玫琳凱化妝品公司，我們教美容顧問們如何展翅，自行飛翔，我再也無法找出其他更好的方法來幫助人了。

「沒有什麼比對屬下不誠實，更能毀壞一個領導者的地位。你必須贏得他人的尊重與信任，以及他人的善意，致力於改善周遭人的人生，而你唯有對自己和他人誠實，才能夠做到這點。」

—— 玫琳凱·艾施

第十三堂 堅持你的原則

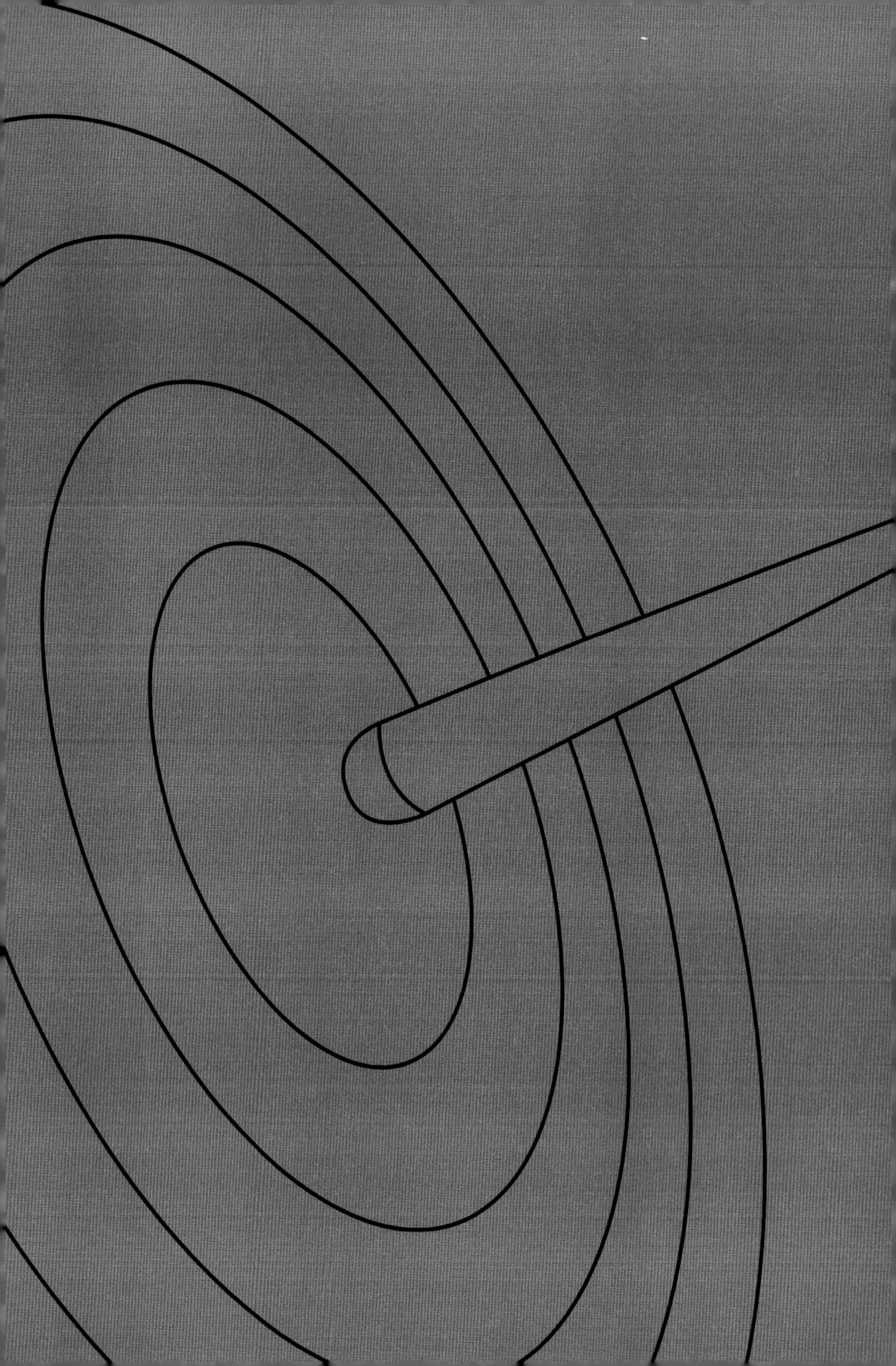

第十三堂

堅持你的原則

在商場上什麼事情都是千變萬化，人事、產品、建築物、機器設備等等，幾乎無一不變，唯有原則是永恆的。借用湯瑪斯．傑弗遜（Thomas Jefferson，美國第三任總統）的話，原則有如磐石矗立，其他事物則隨波逐流。我雖然不斷鼓勵創新，反對墨守成規，但是一提及原則問題，一定堅守立場。

但是，如果你個人的原則與公司的原則相矛盾怎麼辦呢？果真如此，那只有改變一途了，修改公司的原則，抑或另謀他職。

在尚未創立玫琳凱公司以前，我換了好幾個工作，因為那些公司的規定和作風，與我的原則相抵觸，公司的某些做法，我實在無法苟同。比方說，有一點就令人難以置信，女性的才幹難道不如男性嗎？有的公司竟然男女同工不同酬，而且甚至做同樣的工作，女性才拿男性一半的待遇。我也不贊同一個女性員工，僅僅因為她是女性的緣故而失去升遷機會。

我試著瞭解其他人的觀點，我也非常實事求是。我有三個孩子要撫養，為了他們的福利著想，我最先的反應是試著瞭解情況，並且也嘗試著去影響老闆的態度。

許多時候，我們會發現，自己的個人原則與其他共事者的想法不能協調一致，但是倘若不先嘗試可能改進的途徑，就想更換工作，未免反應過度了。

比方說，假如與你共事的成員，他們日常所使用的語言使你有被冒犯的感覺，而你仍然希望處在一個友善祥和的環境中工作，你該怎麼辦？抱怨？鬧彆扭？還是加入他們？我相信最糟糕的是，你為了要被這個團體所接受而加入他們，這對你的原則是一個很嚴重的妥協。你也不能持續不斷地抱怨，或是表現出厭惡的態度。我認為你應該告訴這些人，這種粗俗的語言令你不舒服，然後如果有必要的話，遵照你雇主的公司政策提報職場騷擾。透過展現你的原則，你才能得到其他人的尊重，進而鼓勵對方追隨你的領導。

一位我非常欣賞的女演員，拒絕演出她已簽約的一部戲中的裸露鏡頭，她向製作人反映她對那個鏡頭的感覺，對方最終同意刪去這段戲。這位女演員的最先反應並不是毀約，而是嘗試促成改變，使其能符合她的原則。我在本章所提到的原則是指道德上的原則。有時，人們會濫用「原則」兩字，其實他們原本並非此意。一名有會計背景的員工，當上司要求他以銷售為導向時，他堅持說：「我不是業務員，而且我也不會做銷售的工作，這違反我的原則。」事實上，一個會計人員不願意做銷售工作，跟原則根本扯不上關係。這就像跟一個業務員說「我反對每天填報表，這違反了我的原則」道理是一樣的。這位業務員不喜歡文書作業，也與他的原則毫不相干。我提出這點重要的區別，是因為有太多人誤用「原則」這個名詞了。他們僅僅為了表達一個不滿，就動用「原則」兩字，其實這只是喜歡和不喜歡的問題罷了。除非你的本意是指違反你道德上的原則，否則你不能說某事「違反了我的原則」。

遺憾的是，大多數人談到原則兩字，都僅是嘴上說說罷了。對我來說，當公司的領導者自誇說他們「總是把顧客擺在第一位」，而事實上並沒有做到這一點時，那整個公司的士氣就會受到影響。許多經理人和業務員在推銷產品時，都會標榜「顧客第一」，但是在成交之後，你卻無法再信賴他們提供服務了。當公司的員工們見到顧客被不當對待時，他們的信心也因此蕩然無存。他們的榮譽感遭受破壞，他們也恥於與欺騙者為伍。我認為「言出必行」是很重要的。

優秀的領導者是好榜樣

一位優秀的領導者是其他人的好榜樣。食言而肥的領導者會打擊部屬的士氣，並且在不知不覺中損及個人的誠信。比方說，公眾對於民選官員的犯罪行為，也一樣感覺可恥。

我們公司建立於某些基本原則之上，也引以為豪地向世人表明我們的原則。我們決心提供一個絕佳的事業機會，使女性們能盡其所能地賺取與其能力相當的報酬。我們也承諾，要成為世界上最卓越的教學導向美容保養機構，而今天世界上沒有任何一家化妝品公司，擁有如此多高水準的美容顧問。而且我們的數十萬名美容顧問，真的個個都是肌膚保養的專家。

公平待人使人有安全感

我們所服膺的另一個原則，是我們施行的「黃金法則」，我們在做任何決定時，一定會運用此法則。我們的員工感到舒適自在，因為他們知道，公司永遠對大家一視同仁。事實上，對一個擁有成千上萬名美容顧問的龐大銷售團隊而言，我們必須更加努力做到對所有人都公平。倘若給某些人特別的待遇，將會引起整個公司的敵意和憎恨。在許多方面，我覺得女性對不公平或是公平的待遇，反應要比男性敏感許多，這也許是因為女性們太常受到不公平待遇的緣故吧！既然我們擁有世界上最大的銷售團隊之一，公司裡的成員又絕大多數是女性，我們隨時都非常注意公平的重要性。男性和女性都是一樣的，當他們被人公平對待時，他們會有安全感。在我們的公司裡，他們知道自己可以信賴公司會公平對待他們。

當我們告訴銷售團隊，我們信奉的生活優先順序是「信仰第一，家庭第二，事業第三」時，她們都知道我們是真心誠意的。是的，我們的管理團隊擁有最勤奮、最敬業的人才，但是多年來，我們以行動證明了信仰和家庭在我們心目中是優於事業的。公司裡有許多信仰不同、宗教不同的成員，然而所有的宗教信仰都是在教導我們，人生在世是以助人為目的。我深信信仰是我們企業成長的指引。我很謹慎地避免在公司裡傳道，因為我們的銷售團隊成員有著各種不同的信仰，我從來不將個人的宗教觀加諸別人。但是，我以行動表示，信仰確實影響了我的一生。我一直相信，只要你將信仰視為第一優先，家庭次之，然後才是你的事業，那麼一切都將水到渠成。這三個次序若先後倒置，則將一事無成！

把家庭放在事業之前

我認為領導者必須重視家庭。身為領導者，若想表明你對此優先次序的重視，就應以身作則，表現出你是一個以家庭為重的人，並展現出對配偶和孩子真誠的愛。光說愛你的家庭是不夠的，你必須抽出時間來陪伴他們，讓他們知道你不會為了自己的事業，而犧牲了他們的幸福。

我知道有些領導者對這種想法嗤之以鼻，對他們而言「工作永遠排在第一」。假如一個母親一早起床，發現孩子病得很嚴重，這種類型的領導者就會說：「找個保姆或是另外安排一下，我還得到公司上班。」倘若一個母親要求請一個下午的假，去參加孩子的頒獎典禮，一個冷酷無情的領導者會這樣回答：「以後還會有類似的頒獎典禮！」但是我認為不應該要求別人置一個生病的孩子於不顧，或放棄一個家庭重要的里程碑。

我的工作一直保持一定的步調，而且有如同神賜的精力，令我成為名副其實的工作狂。但是當我在養育三個孩子時，孩子的需要卻比我的工作重要得多，要知道，他們是我願意如此長時間努力工作的動力。我們也鼓勵美容顧問要這樣平衡地生活和工作。

我瞭解，每一位雇主都希望他們的員工能安分工作，不偷懶怠工。但是我們信任我們的員工能夠對他們的工作公平且負責，就像我們信任我們自己一樣。因此在玫琳凱公司，我們很樂意見到員工們將事業列於信仰和家庭之後，我們深信這才合乎常情。

不久之前，這一原則的價值以對我而言極為個人的方式再次被肯定。在我的丈夫麥爾去世前七週，我們才得知他患有癌症。在這段時期內，我的生活整個改觀。起初，我們並不知道他的真實病情，麥爾還鼓勵我繼續像平常一樣工作，但是我不想離開他，我每天幾乎都陪他一整天；當他睡覺休息時，我才坐到辦公桌前處理緊要公事。

一年以前，我們就已安排好一場演講，這場演講在聖路易市舉行，由婦女聯合會主辦，已經有好幾千人訂位，而且我知道他們都非常期待並且認定我一定會出席。麥爾說他沒事，叫我前去參加，但是我面臨一個巨大的抉擇：是對他的責任重要呢，還是承諾重要？我想起自己時常引用的原則，也是我們公司的基石：「信仰第一，家庭第二，事業第三。」於是，我們的首席督導黛琳娜．懷特（Dalene White）代替我到聖路易市發表這場演講。她以優雅的風度及高超的技巧，代我完成了這項重要的工作。但是，即使在沒有人能替我出席這次演講的情況下，我仍然覺得我對丈夫的責任遠大於其他責任。

對顧客的責任也是公司的重要原則之一，而保持產品的品質優良，更是玫琳凱公司引以為傲的原則。卓越的產品品質永遠是公司的首要之務，而且永遠是公司的主要目標之一。就長期來說，如果只是嘴上吹噓而無實際表現，將是自毀前程的做法，因為其終究會影響社會大眾對你產品的接受度。

視卓越的產品品質為首要之務

我們不僅以自己的產品為榮，我們也保證百分之百地退款，假如你不滿意我們的產品，只要將未使用完的產品退回，我們就會退還全部的款項。即使整罐產品已經用完，或者賣出該產品的美容顧問已離開銷售團隊了，我們還是會遵守承諾。

我們的產品十分優良，所以退貨要求對整體銷售的影響微乎其微。我們的退貨規定非常大方，因為我們希望顧客們能買得愉快，用得安心。我們也希望我們的美容顧問和公司的員工，能為此而感到愉快和驕傲。他們之中要是有任何人不滿意，我們也會覺得不開心。在我們公司，滿足人們的需要，正是我們的初衷，也正是我們所遵循的原則之一。

「當你因為自己看來很棒而感覺有自信，人們也會對你有正面的回應。雖然有人覺得你有自信是因為別人對你好，但我相信自我良好的感覺會帶動別人對你的正面回應。」

——玫琳凱·艾施

第十四堂 自豪的觀念

第十四堂
自豪的觀念

前段時間，一位著名的專欄作家在「達拉斯晨報」頭版所寫的一篇文章，在我們公司團隊之中引起了大騷動。作者說他在開車上班途中，看見一輛汽車保險桿上的貼紙寫著：「問我有關玫琳凱化妝品的問題。」他說開車的那位女駕駛，身上穿著浴袍，頭上還纏著髮卷，臉上也沒化妝，「這種女人怎能告訴別人如何變得美麗呢？」他這樣批評道。

這篇文章是星期一刊登的，早晨七點鐘不到，我的電話就響了，已經有人焦急地問道：「妳看到頭版有關我們的文章了嗎？」我知道當天上午，許多美容顧問會來公司參加會議，因此立刻將這篇文章複印數份，貼滿了我們的佈告欄，然後在文章上端以醒目的粗體字寫道：「這是妳嗎？」不久，我們也將這篇文章分送全美各地的美容顧問，問她們同樣的問題。

自豪的形象

身為美容產業的領導者，我們應有引以為豪的形象。很顯然，那位開車的女士並沒有考慮到她自己或是公司的形象問題。我們的美容顧問們都知道，她們在公開場合出現時必須要展現出自己的最佳狀態。身為美容顧問，應當成為別人的榜樣，讓見到她的人都願意學她一樣打扮自己，變得美麗。事實上，這篇文章反倒幫了我們一個大忙。這篇文章對有些人真是當頭棒喝，使她們因此注意到自己也許平時偶爾不留心，未能注意外表形象。一個女人對自己的外表所做的努力，也能反映出她對自己的信心與自尊。倘若她從事的是這份美麗的事業，這種自豪的表現就更為明顯和重要。

值得慶幸的是，大多數銷售團隊成員在開啟玫琳凱的事業時，就已被灌輸了這種強烈的自豪感。雖然我們並沒有明文規定，只有迷人且精心打扮的女性才能加入我們美容顧問的行列，但是只要你來參加一次我們的業務會議，你可能真的會這麼以為。玫琳凱的獨立美容顧問自己定下標準，不允許任何一位團隊成員以邋遢的面目見人。假如某人在加入我們的行列成為玫琳凱美容顧問時，不合乎這個標準，她通常會很快改進自己的打扮，或自行決定離開。

對外表的自豪感也延伸到了我們的工廠。就如同工廠的員工因整潔的外表自豪，我們也以我們高水準的工廠設備為榮。我們認為我們的工廠設備，應該是化妝品業的模範展示廠，我們很歡迎外賓來參觀指教。我們的工廠員工與我們分享公司的驕傲，因為他們知道有那麼多美容顧問信賴他們製造的高品質產品。任何產品若不符合標準，絕不出售。當他們眼看著辛苦製造出來的成品被銷毀掉時，難免心疼，但是這是必要的，如果產品的品質不夠好，我們就不會出售。

我們以產品的品質為榮，但是我們從來不以此來批評其他廠牌的化妝品。我們覺得當你貶低一家競爭對手的產品時，每一個批評都會成為替對方宣傳的行為。我們相信這種批評和攻擊，不僅反映出自己在專業上的氣度不夠，最重要的是，這麼做有違我們恪守的黃金法則哲學。

自豪有助於提昇士氣

一位在一家成衣廠工作的推銷員告訴我，他公司的運作如何與眾不同。他說：「早在衣服實際生產前的幾個月，我們就得展示我們的服飾系列。因此，我們通常先做好特別的樣品，以招攬顧客。可是通常樣品的品質比最終成品好許多，所以買方收到的貨品，並沒有我們所展示的樣品那麼好。」

他繼續說，「這對大家的士氣造成極大的損害，我們覺得自己像在行騙一樣。當我們聽到客戶說：『這不是我要買的貨品呀！』實在叫人汗顏困窘。事情再發展下去，不僅會挫折我們推銷人員的士氣，整個公司也會受到影響。這都怪我們的主管們，他們只會花錢做好樣品，卻不肯投資在生產的成品上。」這種經營方式，對每個人的士氣都會造成影響。

這位成衣推銷員所承受的羞愧感，甚至影響到他的家人，他們也一樣為他在一家不誠實的工廠做事而感到羞愧。

玫琳凱旗下的美容顧問，能為公司感到自豪的另一大原因，是美容顧問家人對公司的信心。他們都以自己孩子、母親或父親在玫琳凱工作為榮。每年我會收到數百封銷售團隊成員子女們的來信，他們寫道：「再過六年我就滿十八歲了，我就可以像媽媽一樣成為一個美容顧問了。」

沒有比每天下班時感覺工作有成就感更有意義的事了。每當你覺得自己完成了一流的工作時，內心的驕傲感會油然而生，這種感覺就像考試得高分，或者高爾夫推桿推進二十五尺的一球進洞，飛機完美的降落，烤出一個令人垂涎的蘋果派，或者漆完一面漂亮的牆一樣。不論職位高低、工作貴賤，領導者應該設法灌輸所有部屬自豪的觀念。商人、裝備線上的工人、檔案員、業務員，以及企業主管都應該要為自己的工作感到驕傲。我們每個人都需要被讚美。倘若我們的努力被忽略了，「我才不在乎」的態度馬上就會產生。被認可、肯定的感覺，使我們肯定自己的工作，最後也會對自己充滿自信和驕傲。

一位廣告公司的主管告訴我，她是如何灌輸自豪的觀念給他人的。她對手下一名藝術指導的一張特別好的設計圖大為讚賞，這位藝術指導對她說：「謝謝妳，但是我認為還需要一點點小修改，才會更好。」然後，這位藝術指導利用午餐時間來修改他的作品。「我可沒想到他會犧牲整個中午的用餐時間來工作。就只因為我的一句讚美，他突然變成完美主義者，努力追求更好的工作成果。」

我們公司所有的活動都在追求卓越，不管我們有多大成就，我們永遠不會感到滿意，我們永遠在找尋改進之道。這種對卓越的追求，體現在我們所做的每一件事情上。每一位跟本公司有關的人，都知道玫琳凱公司就是「卓越」的同義詞，也就是這種共識，建立起公司所有員工的自信心。今天，「卓越」這個詞太流行了，以至於它在不同人的口中就有不同的解釋。比方說，當我們的行銷人員在製作一本新的銷售手冊時，他們必須先對想要傳達的特定品質達成共識。我們所追求的是卓越的標準，倘若沒有建立一個標準，對於所要追求的卓越境界，將會模糊不清。但是經過我們集思廣益、多方交換意見之後，一些可行的好構想就得以形成，這些初步的構想，會繼續發展成更完善成熟的構想，直到發展出一套整個團隊都能接受的卓越標準出來。

我相信，一旦人們以團隊的方式追求卓越，每個人的表現水準都可以因此而提高。因為沒有人想要令別人失望。每個人都樂意貢獻一己之力。一旦領導者將這種自豪的觀念灌輸給成員，就會成為他們改進自我表現的最主要因素。紐約洋基棒球隊追求卓越的美名是遠近皆知的。我曾經聽說，一個棒球員一旦穿上洋基的條紋制服後，連球都打得特別好，為什麼呢？因為他以身為有勝利傳統的球隊一份子而自豪。

同樣地，凱迪拉克轎車在美國汽車產業中，被公認為是高品質的標誌。也因為如此，我們以粉紅色凱迪拉克轎車的使用權做為業務督導達到一定銷售業績時所能獲得的獎勵。無論何時，當你看到有人開著粉紅色的凱迪拉克時，你就知道此人獲得了卓越的個人成就。而得到這份殊榮者，也以擁有這部車為榮，你幾乎不會看到任何凱迪拉克車以有凹痕或灰塵的面目出現。事實上，擁有這部車的人，為了炫耀她的光榮，車子都是停在路旁，而不開進車庫。

偉大的旗幟

我們以自己的工作和公司為傲，與我們對國家的感覺相同。我們以生為美國人為榮，我們也很驕傲地讓每個人都知道這一點。

幾年以前，我的兒子理查在我們一場年度研討會的開幕典禮上，說明了我們的愛國心：

「過去幾年來，我多次以我們的自由企業體制為題，在我們公司發表演講。我之所以會認為我們的自由企業體制非常重要，是因為倘若沒有它的存在，你我今天就不會站在這裡，我也不會來此演說，玫琳凱公司也不會存在，而玫琳凱的夢想也不會成為事實。

雖然這段話是從理查早期的演說中節錄下來的，但我們對美國的信心卻從未改變。當他說這些話時，我雙眼充滿淚水，我感到光榮驕傲，為我兒子，以及為身為美國人而感到驕傲。我確信達拉斯會議中心在場的七千五百名聽眾也有同樣的驕傲感。美國的確為民眾提供了無限的機會。

這只是數百篇演說中的一篇。這些對公司銷售團隊所發表的演說，篇篇都強烈地顯示我們對國家的熱愛。我知道在某些圈子裡，在公司集會中揮舞國旗，會被認為有失格調，但是我不這麼認為。我們認為那是一種健康的情感表達，其所傳遞的訊息再強調也不為過。

美國夢的實現

我十分相信美國夢，而玫琳凱公司正是一個活生生的見證。我的故事只有在美國才可能成真。我們公司在一九六三年開張營業，我拒絕聆聽那些反對者看衰的預言。我的會計師告訴我，我們所訂的獎金制度太過優厚，是個穩賠不賺的生意。我的律師則寫信到華盛頓，要來一份當年全美化妝品公司的破產名冊。我們開門做生意的第二個月，一家加州的化妝品業者向我提出一個交易，他說：「玫琳凱，我付你一筆錢把妳的配方買下來吧，反正妳也做不出什麼名堂來。」其他的財務「專家」們則堅持，我們若不給我們的美容顧問提供一個信用額度的話，我們一定無法經營一家直銷公司。

這些預言家們說我肯定慘敗，但是我決心要證明他們錯了。情勢對我極為不利，我必須承認有太多事我不瞭解，但是我卻知道四件事情：

1　人們會支持他們所參與創造的事物。
2　在這個偉大的國度裡，個人所能達成的目標是沒有限制的。
3　假如給予適當的機會，女性同樣可以有優異的表現。
4　我願意長期辛勤工作，以實現我的信念。

美國企業年鑑上，比比皆是「不可能的夢想」實現的例子。我相信這些夢想，最重要的是，我相信我自己的夢。

多年以來，我曾對成千上萬的女性講述我的故事。我一直堅信，她們如果能夠知道一個退休的祖母能創造出一個成功的事業，她們自己一定也可以做到。我經常將我們的銷售隊伍視為美國自由企業體制的一個縮影，不管年齡、性別、宗教、種族、教育或工作經驗，每一位進入玫琳凱公司的美容顧問都站在平等的起點上，大家都是公司的美容顧問。事實上，她也是她自己公司的總裁，我們提供一切她所需要的援助。在真正的自由企業精神之下，每一位女性的付出都能夠獲得相對應的成果。她是自己的老闆，沒有人會告訴她，什麼時候該工作，或是要不要工作。假如她是自動自發的工作者，假如她信賴公司所賦予她的專業能力，她就能迅速地建立起成功的事業。

在美國，有幾百萬人從事直銷行業，其中多數是女性。我認為這種現象足以使「女性不敢冒險從事商業活動」的說法不攻自破。從各個角度來看，這些女性都是勇於承擔風險的創業家，並且也以行動說明她們自我激勵的能力。截至目前為止，美國女性擁有著超過了全國一半的資產。相對而言，世界上其他地區的女性，卻只擁有全世界資產的十分之一。目前，世界上其他地區，有三分之二的女性是文盲。

在一些國家女性備受壓制，她們在公眾面前摘下面紗都有可能會被逮捕。對比之下，美國的女性機會確實多了許多。

有某些圈子，非常風行強調美國的缺失。當然，我們國家並非一點缺點都沒有，但是我確信，今天我們有必要透過強調美國有哪些長處來對抗那些負面主義。懷疑論者告訴我，說我是比較幸運的例子，能搶在當時創業，說現在成功創業比從前要困難多了。我卻持相反的看法，現在的機會反而更多，特別是對女性而言。近年來，教育、科技及藝術界提供給每個人更多的機會。人們常抱怨：「事事不如從前。」我記得二十世紀五〇年代曾被形容為「美好的往昔」，而十年以後，一九八〇年代也要變成「美好的往昔」了。機會到處都有，問題在於你是否能善加利用而已。

製造機會

我時常聽到入不敷出的退休人士說：「你知道嗎？我一輩子都不走

運，要是能給我一個機會，現在我說不定幹成了什麼大事，成了某某大人物了。」我無法接受這種論調。我認為在美國，任何人都有無可計數的機會，但是你不能坐等機會上門！你必須自己去製造機會。假若有能力的人走在這塊充滿機會的大地上，不願意竭盡所能地追求等在那兒的機會，將是多麼遺憾的事情！再也沒有一個國家像我們一樣，提供這麼多機會給這麼多人了。

假如我所說的話，像是替人搖旗吶喊，那麼，我也承認，我很慶幸自己是個美國人。我也深信每一位領導者，若是也擁有這樣的愛國情操，都應該站起來大聲地向世人宣佈，我愛我的國家。不必害羞讓別人知道你的感覺，讓你的團隊成員知道你對國家的支持，這是有百利而無一害的事，不僅對公司有好處，最重要的，對國家也有好處。

我同樣相信每一位成功的領導者，都有義務當一名好的「企業公民」。假如你在公司裡擔任要職，更應該積極參與附近社區的各項活動，包括文化、教育及慈善活動。參加這些活動，不僅因為可與其他區域內的企業領袖們交換意見和經驗，來增長你的見聞，最重要的是，你的所作所為也可以成為其他人的榜樣。報效國家最好的途徑，就是協助建立一個更美好的生活環境。

「如果你在正確的時間做你應該做的事情
那麼有一天你將可以在你想做的時候
去做你想做的事情。」

—— 玫琳凱·艾施

第十五堂　切莫安於現狀

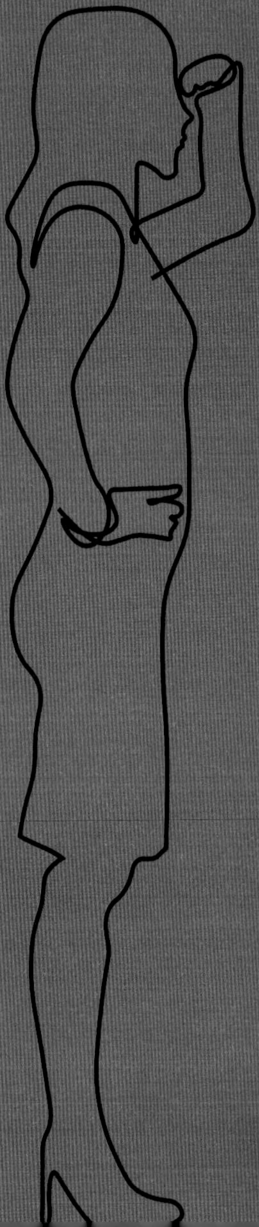

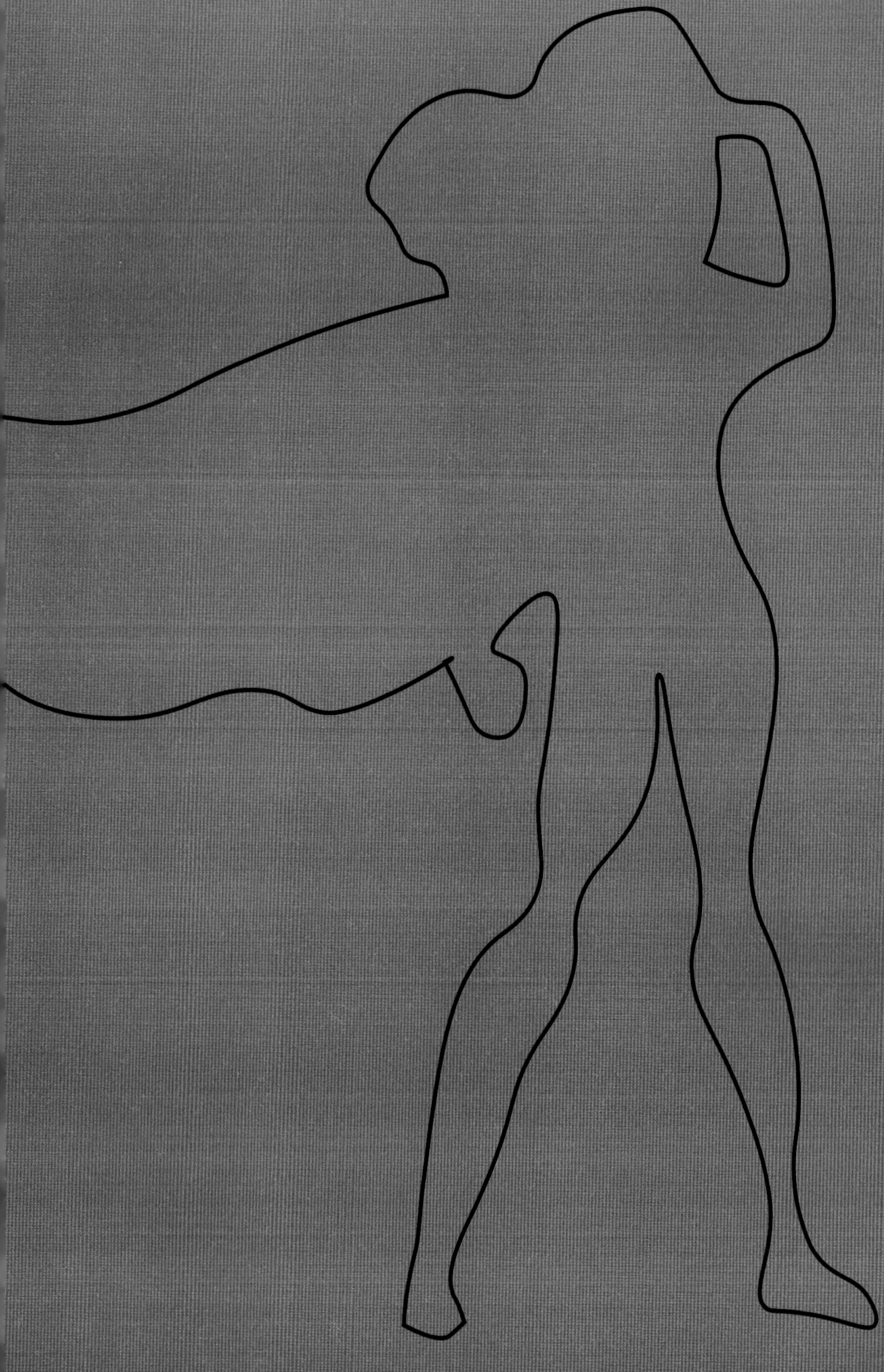

第十五堂
切莫安於現狀

在路易斯．卡羅（Lewis Carroll）的「愛麗絲夢遊仙境」一書中，紅心皇后告訴愛麗絲說：「妳現在該明白了吧，妳必須盡全力跑才能保持在原位，如果妳想跑到其他地方，就得加倍快跑才行。」

雖然卡羅寫下這段話時，並沒有想到今天的商業世界會如何發展，但是毫無疑問，他的建議是用得上的。「你必須盡全力跑才能當一名領導者，但是你得以兩倍的速度快跑才能有所進步。」在玫琳凱公司，我們將這個觀念解釋成：「你不能安於現狀，因為沒有比安於現狀更快遭致失敗的情形了。」

在你的職業生涯當中，你要不是前進，就是退後，但是沒有人能在原地靜止不動。每一位領導者都必須有一套終身自我提升計畫，來不斷地改進他或她的管理技能。

我認為在你擬定自我提升計畫時，下列的幾項原則將非常有幫助：

- 擁抱改變。
- 對業務的每一層面都能瞭若指掌。
- 不要忘了原有的基本技能。
- 懷有現實的遠景，切莫眼高手低。
- 與他人分享構想，可促使你和你的構想更為充實。

化妝品界也和其他各行業一樣，無時無刻不在變化。生活方式、科技和社會事件的變遷，不斷地帶來許多新的挑戰。我們不斷地潛心研究，發展新的構想和方法來改進我們的產品線，永遠全力以赴追求美容與護膚領域的世界性領導地位。這種對卓越的追求需要一個努力前進的領導團隊，每個人必須跟上他或她所屬專業領域的發展。

一位領導者從最低限度來說，必須保持和公司一樣的成長率。比方說，假如你公司的年成長率為百分之二十五，你就得這樣自問：「過去一年來，我的表現是否也提昇了百分之二十五」，如果答案是否定的，你接下來的問題應該是：「我該如何增加我的成長？」並且應當牢記的是，當我們把通貨膨脹也列入考慮時，一個零成長的年度其實代表的是負成長。

對自己的業務瞭若指掌

我們希望我們的美容顧問個個成為肌膚保養的專家，一位真正的專業人士必須從各個角度來瞭解自己的業務狀況。畢竟，今日的女性對生活各層面的消息比以前靈通許多，這當然包括肌膚保養的知識。假如我們的美容顧問對自己的美容課準備得不夠充分，那麼她的「學生」說不定還比她更懂得保養之道。透過自修課程、課堂學習和在職訓練，我們的美容顧問才能獲得這種專業知識和技能。

首先，一位新進的美容顧問必須認同我們比她更瞭解化妝品這個產業，這樣，她才會逐字逐句虛心聽從業務督導的指導。公司和業務督導畢竟是和她站在同一陣線上，也會永遠支持她。多年以來，我們早已發展出一套能幫助千萬人成功的模式。你不能要求一個未學過基礎數學的學生去研究代數，在我們這一行和其他各行業也是一樣。在你邁開步伐之前，你必須先掌握一些基本技能。而且，進步並不表示放棄原先所擁有的技能。有許多人在拋棄了原先導致他們成功的基本技能之後，才發現困難重重。我曾多次看到某些業務員和領導者在開始時相當成功，到了半途卻遭逢失敗挫折，為什麼呢？只因為他們沒有堅守住基本技能。

有一次，我接到一名瀕於離職邊緣的美容顧問打來的電話，她說：「玫琳凱，我在三個月前的業績表現相當出色，可是最近幾堂美容課卻幾乎沒有任何銷售，而且我似乎沒法再預約到新的美容課了。」這種喪氣話我早已耳熟能詳了，所以我知道該問哪些問題。經過幾分鐘的對談後，我馬上知道她已不再使用她原本所學到的方法了，而這些方法正是她當新美容顧問初期成功的關鍵。「不！我已不再說那些話了。」當我問她是否仍然使用我們教她的那套標準的美容課腳本時，她這樣回答我。然後她告訴我，她如何修改她原先所學到的每一種技巧。每次我一問她，她就一再地說：「玫琳凱，那聽起來一點都不像我自己的話。」

「可是這對其他許多人卻很管用呢！」我向她指出，「而且妳也曾經很成功地使用過這些方法。」我要她答應再試一次我們的方法，一星期之後再打電話告訴我結果。過了一星期，當我再和她交談時，她很高興地告訴我一切問題都好轉了：「我得到了教訓，玫琳凱，妳知道嗎，現在那些話就像我自己心裡想說的話了。」這位女士不但繼續留在我們美容顧問的陣營中，並且成為了一名很優秀的業務督導。

就像其他一流的公司對業務員的訓練與發展一樣，我們也有一套成功的美容顧問訓練公式。但是我仍然要提出一點建議，那就是你自己要儘可能地向前邁進。最簡單的起步辦法是儘可能地摸熟自己的業務，熟讀公司所出版的新聞通訊和雜誌，拿出基礎手冊再仔細研讀一番。我想你會驚訝地發現，手冊中有這麼多的資料，在你第一次閱讀時卻遺忘或看漏了。開車的時候也可以聆聽教學性或激勵錄音帶，。我也建議人們多參加座談會和大型的研討會，多聽取這行業中成功人物的智慧結晶，你會很意外地發現這些專家是多麼樂意與你分享他們成功的故事。這麼做會令他們感到自己的重要性，因為成功者也和其他人一樣，在胸前掛著一個上面寫著「讓我覺得自己很重要」的牌子。

我相信每一個行業的成功者，都有自己的終身自我學習計畫。傑出的醫生每星期必然研讀數小時的醫學期刊，律師讀法律期刊，教師看教育性的文章，會計師則看現行稅率修正特刊。各行各業的優秀專業人員也會定期參加座談會。一個人一旦達到成功的境界，不可因此而自滿，他或她必須繼續向前邁進。一個拳擊冠軍知道他在贏得一場冠軍賽後，不能就此鬆懈下來。演員不可憑藉他們過去的成就而永遠站在水銀燈下。一旦爬到了頂峰，就必須加倍努力，才能保持不墜。

我認識一位保險公司的創辦人，富可敵國，但卻被成功沖昏了頭。他思想變得落伍，也不再追求個人成長。他的公司不再創新，而不斷革新正是他先前成功的主要因素。今天，這家公司早已失去它在企業界的領導地位，因為它的執行長已成為思想落伍的人了。一位男士前來我們公司謀職，他曾是某大公司的會計主任。在面談中，我們知道他雖然在年輕時曾有過一段事業成功的風光日子，可是他卻將他部門中的大小事務全部授權給部屬負責，授權不是什麼壞事，但是他卻沒有與部屬一起成長。他無法跟上他專業領域的變化。當他的公司採用電腦化作業時，他根本不想學習新科技，也不去研究電腦化對他那部門的工作效率會有何影響。最後，他手下的員工個個都成了電腦專家，而他卻遠遠地落後，甚至不知道他們在幹什麼。他被他的職位淹沒了。他的工作遠超過他的能力範圍，最後他變得一無用處，公司也認為不值得為他付出原有的薪資水準。由於無法適應專業領域的重大變遷，他也為工作所淘汰。

我們也警告業務督導不要有官僚作風。由一名美容顧問升級為業務督導，需要十分辛勤的努力。有些人在媳婦熬成婆後，就開始沾染了官僚習氣。她再也不主持美容課，業務推廣的工作也停頓放鬆下來。她不再做曾使她成功及晉升到業務督導的一切工作！

他山之石可以攻錯

我們玫琳凱公司為旗下的獨立銷售團隊舉辦過多次研討會和座談會。這些會議很富有啟發性和知識性。除了一些固定的形式外，這些會議也為女性們提供了一個交換意見與心得的最佳機會。過去我們邀請不少美國知名的專業演說家，在我們區域性或全國性的會議上發表演說，現在我們鼓勵自己的團隊成員發表高見。那些職業演說家或許在演說的當時能啟發我們的美容顧問，但是他們並沒有提供根據玫琳凱事業量身訂做，且實際可行的資訊。我們自己頂尖的美容顧問卻可以提供一些每位聽眾都能應用的明確訊息。既然能夠上得了台的人必然是表現傑出的明星團隊成員，因此她們自然也成了最好的典範。她們的見解能馬上被認同，因為她們也像其他聽眾一樣，都是從美容顧問的職位開始做起的。每當台下的女性聽到講師的成功故事，她通常都會自問：「她有什麼是我欠缺的？」

與他人分享好構想

我們的獨立業務團隊和公司之間非常重視彼此分享好的構想和意見。我們鼓勵每一個人把好的構想與他人分享。假設我有一個構想，你也有一個構想，我將我的構想告訴你，你將你的構想告訴我，我們就有兩個構想。假如你我各自藏私，不願與人分享，我們仍然各自擁有一個構想而已。這種自由交換意見的做法，為學習和成長提供了一個理想的環境。我們鼓勵每一位女性以進取的努力來證明她的能力。就像伍卓．威爾遜（Woodrow Wilson，美國第二十八任總統）所說的：「我不僅善用我的頭腦，我還盡可能地借用他人的智慧。」

我們鼓勵所有的成員成長，並非單指獨立業務團隊而言，公司的員工，也經常要參加與他們專業領域有關的研討會和座談會。我們也鼓勵公司所有員工投入在職進修計畫。根據我們的持續教育計畫，公司員工只要選修大學層級的專業領域相關課程，公司一定替他們付全額學費。

由於目前許多管理職位在過去並未對女性開放，所以我相信今天的女性會很樂意把握這種教育計畫。她們知道要迎頭趕上的地方太多了，而且有許多人相信，若要與男性一爭長短，她們就得付出百分之一百一十的努力。我們公司的大門一直是為這些進取的女性敞開，其他公司則是最近才開始考慮讓女性擔任高階主管。我很高興見到許多女性回應了這些自我提升的機會。

我們公司中沒有人能夠自滿於目前的成就，包括我在內。一九六三年，我幸運地度過了我「安於現狀」的那個月，當時有一小段期間我考慮退休。當時，我住在一家殯儀館的對面，差點就叫他們來將我帶走。當然這以後關於玫琳凱的故事，各位想必是耳熟能詳了。我決定實現我一生的夢想。到現在我都還沒有完成我的夢想！最近，我的兒子理查主持一個討論退休的主管會議，公司的幹部都很理性地為應該在六十五歲或七十五歲退休，或不限制退休年齡而反覆討論著，我發覺自己埋在座椅中，越埋越深。當我們離開會議室時，我告訴理查：「你知道嗎？你們在討論的正是你的母親。」

他停住腳步，很驚訝地轉向我：「為什麼？媽，我從來沒有想過您會退休，我真的從來沒有想過您會老。」

就在公司的走廊上，我給了我兒子一個大大的擁抱和親吻。

我仍然抱有一個事業目標，那就是我將繼續和從前一樣勤奮工作，並且也希望每天至少看到一位女性發揮她全部的潛能，明白她自己有多偉大！

「每一個失敗都有一個替代的行動方案。
你只是要去找到它而已。
當你碰到路障，就想辦法繞過。」

—— 玫琳凱·艾施

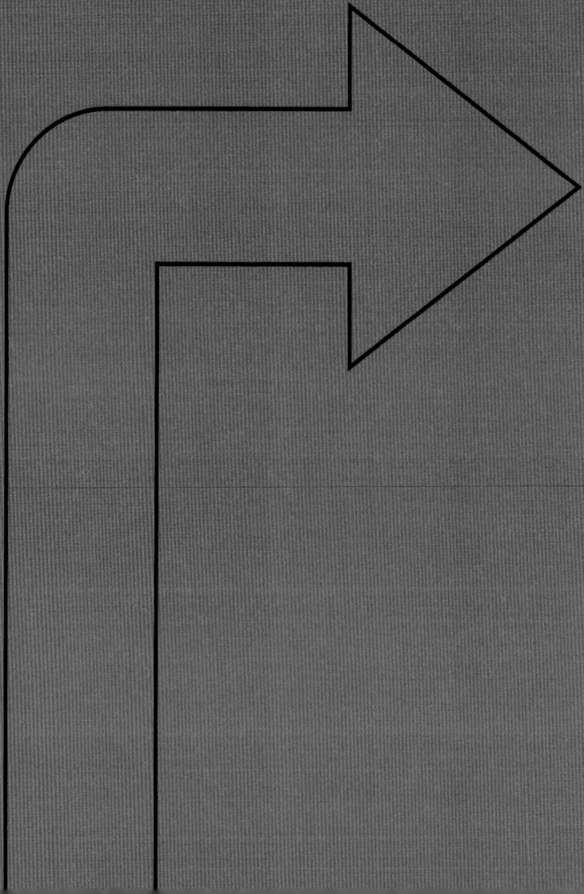

第十六堂　勇於承擔風險

第十六堂

勇於承擔風險

當初我們創業時，對於可能遭遇到的風險早已瞭若指掌。我投下所有本錢，而我的兒子理查原來從事人壽保險業，月薪四百八十美元，卻為了他母親的一個瘋狂構想辭去工作，屈就於月薪只有二百五十美元的差事。幾個月以後，我的另一個兒子賓（Ben）也放棄了他在休士頓月收入七百五十美元的工作，舉家搬到達拉斯來加入我們的陣營，薪水則和他弟弟一樣。

理查和賓收入大幅度減少，而我也投下五千美元——我畢生的積蓄，拼命地想開創自己的事業，這是我唯一當自己老闆的機會了。如此背水一戰，只許成功不許失敗。如果不幸失敗了，對一個中年婦女來說，我在一九六〇年代初期想再找一份工作可真是難上加難了。

毫無疑問地，就是因為冒了這個險，才激發出我們的創新、勤奮和高度的進取心。謝天謝地，美國的自由經濟制度是那麼地完美，我們的勤奮獲得了回報。在玫琳凱公司，我們也同樣鼓勵所有的人員，發揮當年激勵我們的冒險精神。對某些人來說，在這種環境中更容易成功，特別是當我們提供了適當的誘因時。我個人覺得，一個領導者的工作正是製造這種氣氛。

失敗為成功之母

一個冒險的環境要由公司的高層來塑造。假如執行長沒有這種精神，很可能你就無法在公司的其他部門找到這種精神。這是一種由上而下滲透的特質，執行長必須賦予高階主管承擔風險的自由；同樣，高階主管再將這種自由延伸給他的屬下。每一位領導者在他的職責範圍內，對大小事務均有決定權。當兩位主管之間起了衝突時，上級主管必須判定事情是在哪一位主管的管轄權內，然後支持這位主管的決定。

當然，有時候經理人也會做出最後被證明是錯誤的決定，這是在一家鼓勵經理人大膽嘗試的公司所必然會發生的事情。在玫琳凱公司，我們有一句適合應用到經理人身上的諺語：「失敗為成功之母」。我認為讓人自由自在地冒險嘗試，並允許錯誤的發生是非常重要的，這也正是滋養個人成長和創造力的最佳要素。

我的第一堂玫琳凱美容課失敗得非常慘。我急於證明我所面對的那群女士們會購買我們的肌膚保養品，我也希望我的第一堂美容課能大大地成功。但是當晚我離開會場時，一共才賣掉一塊半美元的產品。我開著車到處亂轉，把頭埋在方向盤上，痛哭自問：「這些人是怎麼搞的？為什麼她們不肯買這麼棒的產品呢？」一陣恐懼閃入我的腦海，我的第一個反應是懷疑我對新事業的賭注。我開始擔心，因為我畢生的積蓄早已完全投入在這家公司上頭。我對著鏡子自問：「妳到底哪裡做錯了，玫琳凱？」這句話提醒了我，我根本沒有開口要人家買我的東西，我忘記分發早已準備好的訂購單，居然期望那些女士主動來買我的產品！你可以打賭，我第二次開美容課時，一定不會再犯同樣的錯誤了。

是的，我失敗了——並且曾有過短暫的恐懼，但是經過分析事情的前因後果之後，我從這次的失敗中得到教訓。這個故事我對我們玫琳凱的銷售團隊講述過無數次，我要他們都知道，我的第一次美容課慘遭滑鐵盧，但是我拒絕投降，終於反敗為勝。我深深相信，生命是一連串的嘗試和失敗，最後才能夠實現成功，最重要的是要繼續去嘗試。

在那堂不幸的美容課之前，我早已嚐過失敗的滋味。我的第一個工作是在一家專門透過舉辦派對來銷售產品的公司。前幾個星期，我每一場派對的業績平均只有七美元，而我卻必須付給晚會女主人一個價值五美元的禮物，你可以很容易看出我的問題。但是，我不斷地設法改進我的技巧，慢慢地，我成了一名銷售高手。

今天，我總是喜歡提醒人們，即使對我而言，事業的初期也並非一帆風順，但是失敗並不可恥，一失敗就放棄的人才是真正的失敗者。有一次，一個人提醒愛迪生說，他在發明蓄電池的過程當中，一共失敗了兩萬五千次，但是這位偉大的發明家卻如此回答：「不，我並沒有失敗，我發現了兩萬四千九百九十九種蓄電池不管用的原因。」愛迪生在一生中，共得到一千零九十三項發明專利，例如留聲機、電影、電動筆，蠟紙及電燈泡等等，我們可以想像得到，在他非凡的生涯中，經歷過多少次的失敗。我們要慶幸他有拒絕接受失敗、不屈不撓的精神。

任何創業都伴隨著風險，就是因為無法預先知道誰有潛力可以在我們這行業中出人頭地，我只是認為應該給予每一位女性從事玫琳凱事業的機會。如果她成功了，這可能就是她畢生遇到的最好機會。是的，這種風險是可以預料的，但是只要她能勤奮工作，不屈不撓，這種風險也可以減至最低程度。當一名新美容顧問加入我們公司時，她必須花一小筆錢，裝備她的事業入門組；當她舉辦首堂美容課時，這個事業入門組是她的必備工具，她也必須先購買一批公司的產品，但為了減少她的風險，公司保證在一年內以九折的價格，買回她未開封的產品。有些新美容顧問以兼職的方式加入我們的行列，直到她確信能樂在其中，並且以美容顧問的身份賺取不錯的收入為止。也有些人本身有全職工作，那麼她們就可以先利用夜間或週末舉辦美容課，如此一來，她可以在證明加入玫琳凱事業能賺到足夠的收入之後，才辭去原有的工作並全職投入這份事業。藉著這種方式，她可以大幅降低以獎金制度為基準的銷售工作風險。

並非每一個構想都能成為贏家

當任何一家公司鼓勵創新時，同時也要接受並非每一項可行的構想都能成功的事實。事實上，一項振奮人心的創新構想在試行之後，結果極可能令人大失所望。舉個例子來說，幾年前，我們曾有過一項名為「小盒子大生意」（Business in a Box）的企劃案，用來協助美容顧問管理帳務並更好地規劃時間。這是我們一位副總裁的構想。當這項企劃案通過後，我們花了一大筆錢將之付諸行動，雖然這項工具的主要目的是簡化美容顧問的記帳工作，但是我們的美容顧問卻認為太複雜麻煩了，普遍拒絕使用它，最後我們落得倉庫裡堆滿對外部人士而言毫無價值的盒子。這項企劃案就這樣失敗了，但起初有這一想法的人並沒有因為它的失敗而被排斥；如果我們這樣做，將會嚇阻其他想提出創意的人。

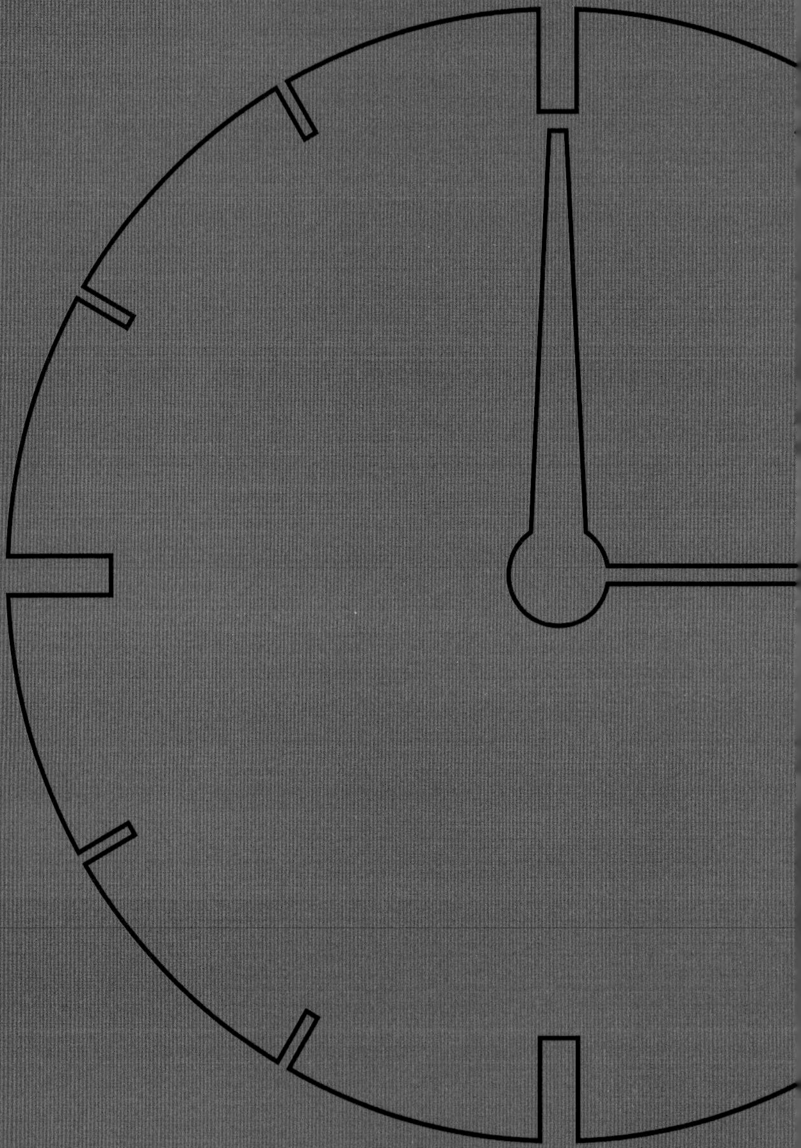

「重視每一天。重視每一小時。重視每一分鐘。
在你發揮完全的潛力，實現你不可能的夢想，並且貫徹你的命運，成為只有你能夠成為的那個人之前，不要停下腳步。」

—— 玫琳凱·艾施

第十七堂 享受工作的樂趣

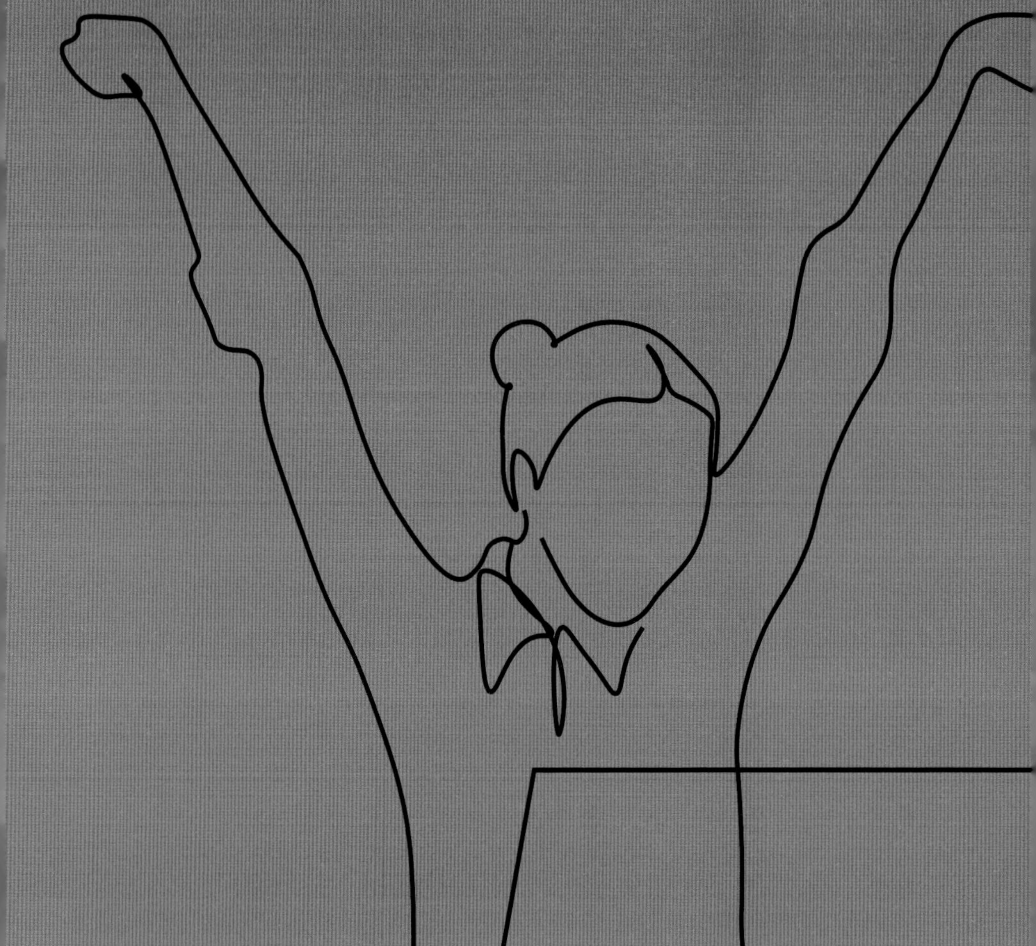

第十七章
享受工作的樂趣

我曾經認識一個二十六歲的年輕商人，這個小夥子經常把身體保養到最佳狀況。然而，在辦公室裡，他似乎什麼也不幹，從來沒有一整天好好工作。到了四點鐘，他已經睜不開眼了；邋遢到家，未等他太太開口，他就先說：「我累慘了，太太，今天晚上可不能有任何節目，我想早點上床休息！」但是一有他的死黨邀他去打壁球，他馬上醒了過來，精神抖擻，準備在球場做幾小時的劇烈運動。我也曾經認識一位八十五歲高齡的房地產開發商，每天都工作整整十個小時，任何時間看到他，他都有許多案子正在進行。他因工作而神采奕奕，更帶給認識他的人許多激勵。大家都為他旺盛的精力而驚訝，「他是從哪裡得來的精力呢？」有人會問，「我希望到了他的年齡也能有同樣的精力。」事實上，許多人只有他一半年齡，卻沒有他的精力充沛。

為樂趣而工作，越做越有勁！

我們拿一個生理上完全健全，卻沒有精力做完辦公室裡一天工作的年輕小夥子，來和一個比我們每個人都做得更多的八旬老翁相比，是一件令人懊惱的矛盾。很明顯地，其間的差別在於態度。根據我的經驗，一個人若能享受工作的樂趣，他就會越做越有勁，而且一般來說，我們要是懂得享受工作的樂趣，通常會做得更好。

最近，我和一位女學生有過這麼一段對話：

「最近上學好吧？」

「馬馬虎虎啦！」

「你的歷史課上得怎麼樣？」我試著特別仔細地問她。

「煩死了，太無聊了，每次上歷史課時，我都在睡覺。」

「那英文課呢？」

「一樣啦！我大概沒救了，就是睜不開眼睛，我們的老師太煩了。」

「那自然課呢？」

「噢！」她突然精神起來，眼睛睜得又大又亮，「我的自然課得了一個A。我就是喜歡自然課，特別是實驗課。我想我長大後要當一名科學家，我等不及參加我們下星期的野外實地考察呢。」她根本不必告訴我，她哪一科念得好，哪一科念得一團糟，好成績和她對課程喜好的相互關係，已經非常明顯。我仍然記得自己多麼喜歡英文，經常拿英文課的全A，當有人問一個成人關於他的工作情形，類似這種喜歡和不喜歡的情形也同樣會出現，這種好惡情形與他的工作表現有著直接的關係。例如：

「我很怕跟新的潛在顧客打交道。」一位業務員可能這麼說。

「怎麼回事呢？」

「我也不太清楚，或許我不習慣和陌生人接觸吧，但是一旦我跟對方變熟了之後，我就能夠做非常棒的簡報，並且可以把產品銷售給現場的每一個人。」

「你知道這是為什麼嗎？」我再問。

「這個嘛，我想是我對銷售這項工作最喜歡的地方就是瞭解對方，並且幫助他們解決問題吧。」

不管在各行各業，你都會聽到類似的話。一位秘書在不能純熟地操作她的文字處理機時，會說：「我沒有機械細胞，我就是不喜歡電腦。」一位零售商會說：「我受不了日常煩瑣的工作，我對記帳一竅不通。」一位開業的會計師則抱怨說：「我的工作最索然無味的部分，就是我必須加入許多公民和公益團體，以便招攬新客戶。」甚至一個作家也會這麼說：「資料的收集研究最令人頭痛。」

讓我們面對這個現實吧，我們每個人都必須去做一些我們不喜歡的事。如果這些事是非做不可的，那我們就得乖乖地做完。我通常都將最不喜歡的工作擺在我每天必須完成的工作清單的第一項，一旦這些煩事解決了，剩下來的後半天就輕鬆好過多了。為了使事情變得有趣些，我將最沉悶的工作以遊戲方式來進行。拿家務雜事做為例子吧，我可能用自我競賽的方式，看看自己在多少時間內可以完成這些事情。多年以前，當我還是個年輕的家庭主婦時，我每次燙襯衫，記錄總保持在兩分半鐘燙好一件；很多年後，我仍然玩「與時間追逐」的遊戲，尤其是我從辦公室帶回家做的口述工作。我的態度是：對你必須從事的工作全力以赴，並且設法享受工作的樂趣。

就因為我對銷售這份工作的喜好，人們總說我是天生的業務員，而我自己也確信這股對工作的喜好，正是促使我早期成功的主要原因。我曾經和一些比我有天分的業務員共事過，但是我總是賣得比他們多許多，理由無他，我只是比他們多打幾個電話、多跑幾戶人家而已。對他們而言，銷售是件苦差事，對我卻有如一場競賽遊戲。我對預約我工作的家庭用品公司所舉辦的產品展示派對最感興趣，大多數來參加展示派對的女性都是女主人的親朋好友，她們來也是看女主人的面子。沒有多少人真的願意花幾小時的時間，聆聽業務員讚美地板蠟、傢俱亮光劑或馬桶清潔劑的好處。但是對我來說，這就是事情富有挑戰性的地方，我能使那些女士對我的產品感興趣，而迫不急待要給我訂單。

好產品、一群有興趣的聽眾和一個未知數

玫琳凱公司的美容顧問比較幸運，因為她們所銷售的產品，要比別人的東西迷人多了。而且現代婦女大都對肌膚保養懷有極大的興趣。但另外還有一項銷售的奇妙因素，那就是「未知數」。每一堂美容課都不盡相同，你永遠不知道自己將會遭遇到何種情況。這種驚奇的因素，對我永遠是既有趣又刺激。然而，對某些業務員來說，可能會有完全不同的反應，他們也許會因此覺得缺乏安全感，並對自己產生懷疑。

人們對自己覺得有趣的工作，會做得比較順心，這是不容懷疑的，因此，每一位領導者應該致力於創造一種令成員覺得有趣的工作氣氛。假如人們必須在壓力下工作，光是播放音樂是無法改進情況和工作績效的。但是如果你知道問題所在，至少你可以朝著正確的方向邁開腳步。你也許無法改善一個人的天資秉性，但是你可以藉助減輕壓力來改進他們的工作環境。有一種方法是，創造一種令你的人員感到輕鬆自在而不受壓抑的氣氛。我記得我從前的經理，他就像一個看守犯人的警衛，每天虎視眈眈地守著辦公室，我永遠記得他給我多大的壓力。他讓我們害怕得工作時連頭也不敢抬一下，使我們自覺是個囚犯；但他的恐嚇政策適得其反，因為沒有人會在如此高壓的情況下取得最佳績效。結果是在他手下的人員，個個都是錯誤專家，缺席率和流動率都相當高，大家對公司的向心力蕩然無存。每個人每天來工作的目的只有一個，那就是換取一張薪資支票而已。我們的頂頭上司說得很清楚，他根本不管我們的感覺和想法，而我們對他和公司的反應也差不了多少。我覺得有些人非常敵視公司，甚至私下希望公司倒閉。我們覺得非常絕望，我們的生產力也反映出這種絕望。個人自由的缺乏使我們癱瘓，可憐的公司卻要為此付出嚴重的代價。

我把那些工作上不快樂的人所面對的狀況描述得非常可怕。也許你會認為我太誇張了，但我向你保證，這一點也不誇張。人們對恫嚇他們的領導者，是不會有正面良好反應的。然而他們對讚美卻會有所反應。一位聰明的領導者會在成員成功時，適時給予讚賞，不管他的成就是大是小。我們都需要有被讚賞、被肯定的感覺，這種感覺能提昇一個人的自我，加強一個人的自信，結果則會反映在高品質的工作表現上。

優秀的領導者懂得因才任用

有時，一個人在工作崗位上表現失常，是因為他的工作不適合他。一天早上，我和我的私人會計師一起工作了好幾個小時之後，我告訴他：「真不曉得你是怎麼做到的，我可是一輩子也無法跟你一樣一天花十小時面對這些數字和稅率條款。我一定很快就覺得痛苦又無聊。」

「玫琳凱，我可無法像妳一樣出去推銷產品，」他回答說，「我不明白妳如何能夠每天起床去推銷拜訪。坦白說，妳的工作對我而言更是困難多了。」

我們每個人都不盡相同，這不是非常美妙的事嗎？如果我們都喜歡同一件事物，都從事同樣的工作，那麼這個世界將多麼乏味！他的坦白提醒我一個真理：我們都是不一樣的。優秀的領導者會辨別這些差異，將每個人視為單一的個體；他會看出誰可能缺乏某個工作所需的天賦，而盡力為他找到另一個更合適的職位。在玫琳凱公司，我們經常重新調派工作，使那些優秀的忠實員工得以從事適合他們才能的工作。一旦將他們重新調整職位後，他們的表現水準經常會很戲劇性地大幅提昇。為什麼呢？因為他們對新工作感到很滿意，能享受工作的樂趣。再把這種顯而易見的情況重述一遍：人們只有在感到愉快的情況下，才會發揮工作的潛力。

對工作的熱情是有傳染性的，對工作的消極態度亦然

領導者有時會問我：「是的，我希望我手下的人能夠開心，並且享受工作的樂趣，但是妳能建議我該怎麼做嗎？」我建議他們先這麼做，他們可以這樣問自己：「我對自己的工作感到愉快嗎？」「我有沒有享受到工作的樂趣？」「我的工作會令我振奮嗎？」就如我前面所提過的，工作熱情是有傳染性的，但是對工作的消極態度也是很容易傳染的。假如一個領導者不情不願、心情低沉地來上班，他的心情一定會影響到他周圍的人，而這些人必然會再將這種抑鬱的氣氛傳開出去。我所見到的最快樂的人是那種每天清晨盼望著開始工作的人。我堅信最成功的人，一定對他們的工作懷有這種熱切盼望的心情，他們的嗜好就是工作。布拉德博士（Dr. Joyce Brothers）曾說過，當一個工作狂並不是一件壞事，那只不過說明你完全投入了你喜愛的工作。

庫利博士（Dr. Denton Cooley）是世界上最著名的心臟外科醫生，曾經做過無數次的心臟手術。他承認自己對工作上癮，他說：「工作時，我最放鬆，內心也最平和。一個上癮者的特徵是，一旦他得不到讓他上癮的東西，就會有戒斷的症狀。我不工作時也有同樣的感受。在我度假休息時，這種感覺最為明顯，我感到不自在，然後幾乎像發瘋似地趕回去工作。」開始他還擔心自己太過於拘束，心想或許每星期去打幾個下午的高爾夫球會有所幫助，所以他試著去打高爾夫球，最後他報告了結果：「我完全接受以工作為嗜好；有些人以打高爾夫球為樂，而我以發揮我的所長為樂。」無怪乎庫利博士被公認為世界上最偉大的外科醫生。

我也一樣以工作為樂。正因為如此，我通常是寧願工作，而不願沉迷於別人所謂的休閒活動。我的休閒活動就是工作，我也很慶幸我能從工作中獲得如此多的樂趣。

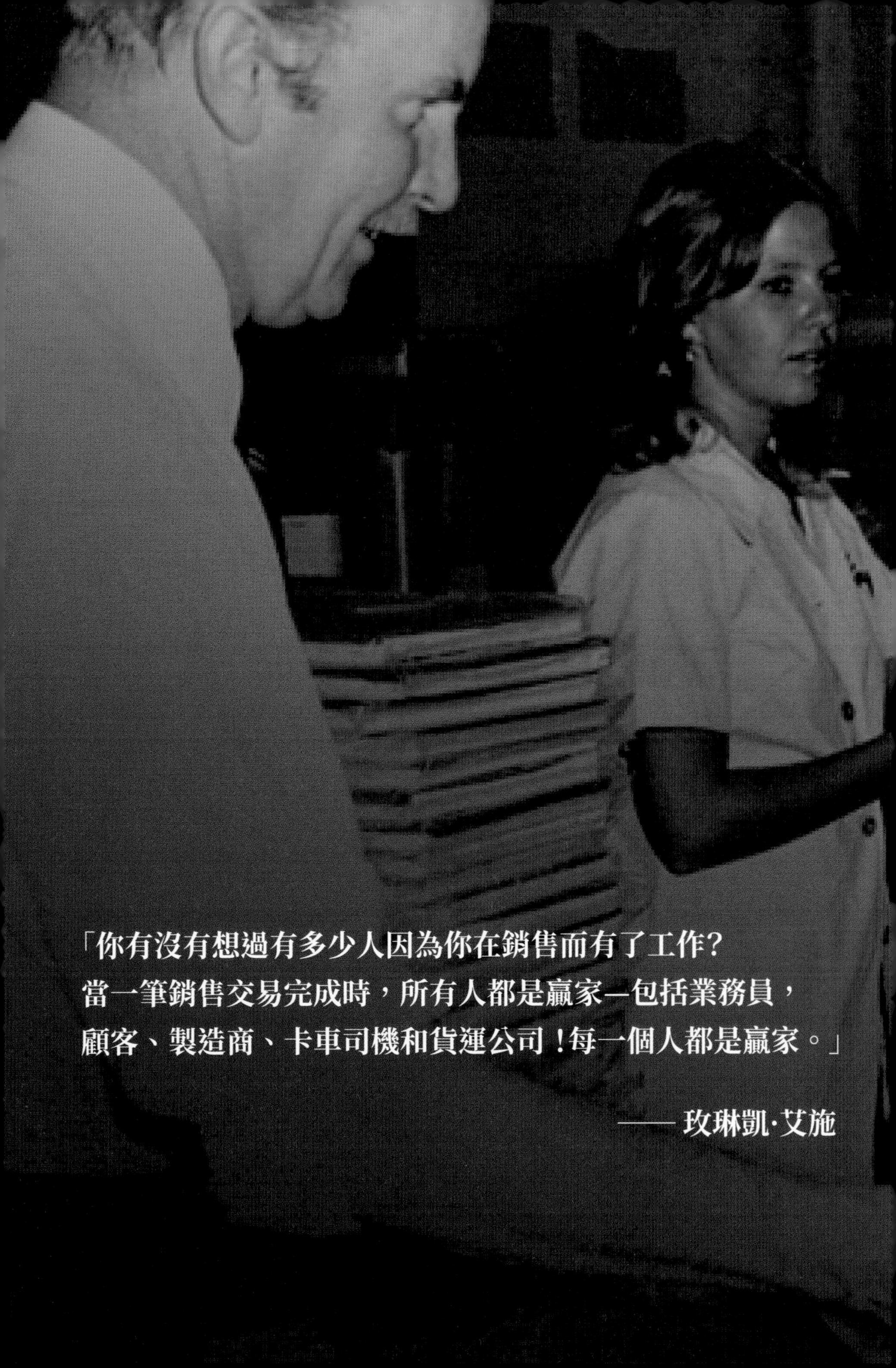

「你有沒有想過有多少人因為你在銷售而有了工作？
當一筆銷售交易完成時，所有人都是贏家—包括業務員，
顧客、製造商、卡車司機和貨運公司！每一個人都是贏家。」

—— 玫琳凱·艾施

第十八堂
沒有銷售一切都不可能發生！

1963 1964
SEPT. OCT. NOV. DEC.
JAN. FEB. MAR. APR. MAY JUNE JULY AUG. SEPT. OCT.
12,000
11,000
10,000
9,000
8,000
7,000
6,000
5,000
4,000
3,000
2,000
1,000
0
— 1,000
— 2,000
— 3000

第十八堂 沒有銷售一切都不可能發生！

在我們創業的第二年，為使公司的員工對銷售隊伍的重要性加深印象，並強調倘若我們的美容顧問不出去銷售產品，公司將會就此銷聲匿跡。所以我發給他們每人一張備忘錄，全文如下：

- 美容顧問或業務督導是我們生意上最重要的人物——她們是我們唯一的顧客！
- 美容顧問或業務督導依賴我們——我們也依賴她們。
- 美容顧問或業務督導不是我們工作上的阻礙——她們是我們工作的目的。
- 美容顧問或業務督導打電話給我們，正是幫我們一個大忙——我們提供服務並非施惠於她們。
- 美容顧問或業務督導是我們的一份子——她們不是局外人。
- 美容顧問或業務督導不是一筆冷冷的統計數字——她們是有血有肉，和我們一樣有感覺、有情感的人類。
- 美容顧問或業務督導不是我們爭強鬥智的對象。

- 美容顧問或業務督導是向我們提出要求的人——而我們的工作就是要滿足她們的需求。
- 美容顧問或業務督導值得我們給予最優厚的禮遇。
- 美容顧問或業務督導是這份事業的命脈！

我們感謝您每天身體力行以上諸點，何不將這張卡片放在你的桌子上，隨時提醒你美容顧問或業務督導對我們的重要性。

最後這一段，是我們數年後才加上的，所有的內容印在一張四乘六吋的粉紅色卡片上，到現在我仍在視察分公司時分發這張卡片。我將卡片分發給大家，並且說：「我明白也有美容顧問或業務督導來向你抱怨，你可能覺得她們不可理喻。當這種事發生時，我希望你們記住，如果沒有她們的話，我們就沒有工作可做了。」

我們有成千上萬的美容顧問和業務督導，有時難免會有人對我們公司的員工說出一兩句粗言粗語。我不斷地提醒我們辦公室的人員，他們應該以高超的外交手腕和機智來應付。「把她當皇后來對待，」我會如此說，「記住！沒有她，我們就沒有工作做。我們必須牢記她是我們工作的理由，假如你能以這種工作態度來處理事情，她就極可能會放鬆下來，然後告訴你她的真正難處。」

「我真希望也能得到一部粉紅色的凱迪拉克轎車和那些豐盛的獎品。」辦公室的人員有時也會羨慕地說。我的回答很直接：「要不是有業務督導憑著銷售業績來獲得她的凱迪拉克，你也許不會在此地，以一個公司員工的身份希望自己也有一輛凱迪拉克。這些車子象徵著刺激我們美容顧問努力工作的紅蘿蔔。有越多的粉紅色凱迪拉克被開走，對我們越有利。」我提醒我們公司的員工，他們不該嫉妒業務督導所賺取的收入：我們業務督導的收入是採獎金制，並根據其銷售業績獲得收入；當她們賺取大筆收入時，我相信她們一定相當勤奮地工作。我知道有些公司居然認為他們的業務員領太多錢，而開始想盡辦法來減少他們的收入。這些公司必然在他們決定降低業績獎金的當天，就開始後悔了。我最大的樂趣之一是看到我們的獨立銷售團隊成員都能夠賺取豐厚的收入，這使我又高興又驕傲。

整個公司應以銷售為導向

我認為公司所有的員工都必須認清一點，他們的工作與美容顧問的強弱密切相關。我告誡生產線上的工作同仁：「如果美容顧問賣不出去我們的產品，那我們也不必再生產了。」我們都有義務支援我們的美容顧問，如果我們做不到這點，就是沒有盡到我們應盡的本分。我不僅不斷地設法在公司灌輸這種觀念，也努力讓我們的獨立銷售團隊明白我們的態度。

當成千上萬的美容顧問和業務督導到達拉斯出席我們的年度研討會時，我們並非只是帶她們參觀我們的辦公室及生產設備，或讓她們看看生產線的工作情形而已，我們還在公司許多地方設有服務站，隨時為她們講解工作流程和解答問題。同時我們也鼓勵這些美容顧問向公司任何員工提出問題，這樣的溝通使每個人都覺得是在同一陣線上工作；如此一來，也為公司的員工和那些美容顧問之間建立起相互的尊敬。

當我們所有的工作夥伴能彼此互相瞭解時，在每個人心中，我們就好像一家人，顧客們也享受到更好的服務。我們希望同仁們將每一位美容顧問視為單一個體，而不是一個在龐大而無人情味的銷售隊伍中的數字。他們必須明白，他們面對的是一群富有愛心和懂得關懷的人，讓他們親自去發現我們美容顧問的良好表現和真誠，這對總公司的員工士氣具有莫大的鼓舞作用。知道公司的產品是被一群真誠的美容顧問所銷售，那真是一種榮耀！我經常說：「你不僅僅是按訂單發貨，你正幫助一個必須扶養三個小孩的媽媽討生活，倘若你不小心搞錯她的訂單，或者讓她收到一批有瑕疵的產品，那你就為她惹來許多麻煩和難題。我知道你不會希望如此的。」

我們也應該明白一點，那就是我們必須生產優良的產品，這樣人們才會回頭來訂購更多的產品。「重複購買顧客的生意最重要，生意不是只做一回。我們必須全力支持美容顧問，這樣她們的顧客才會不斷地給我們訂單。」

最理想的情況是，公司的每一位員工都以銷售為重。不管你在研發部門、會計部門，或在發貨部門，每個人的工作都是在支援銷售團隊。在玫琳凱公司，沒有一項決定不先衡量對美容顧問可能的影響。

為了促使公司的員工們給予美容顧問最大的支持，他們必須清楚地瞭解市場的情形。為達到這個目的，我們明確要求每一位經理人都必須參加培訓課程，對我們的行銷計畫、美容課的流程，及其他與銷售相關的活動有通盤的瞭解。比方說，一個在品質管理部門或產品設計部門工作的人，若沒有面對面與顧客接觸的經驗，將無法完全掌握住工作的所有細節。我們希望公司的每一位成員每天都使用自己公司的產品，鼓勵的方法之一是我們在對員工購買一定數量的公司產品時給予折扣。

我們希望獲知化妝品領域上可能發生的每一件事，以此可以和銷售隊伍保持密切聯繫。我們知道得越多，越有利於我們幫助美容顧問和業務督導們發展事業。我們鼓勵每個人提出建議。每一項建議都會得到慎重的評估，每一封信都會得到回覆。如有抱怨，則以電話聯絡。我們希望馬上獲知任何不妥的事物並加以改正。

公司的態度足以促進或破壞銷售團隊

我曾經是一個業務團隊中的一員，這個團隊被主管們的負面態度搞得士氣消沉。有一次，我們去參加一場公司總裁對所有業務人員的演說。這位總裁非常以這群業務團隊為傲，但是很顯然他並不感激他手下的這批業務人員。「我們製造的產品是同類產品中的佼佼者，」他說，「我們生產線上有最好的技術人員，我們也擁有最好的機器設備，我們的貨運和倉儲部門都讓同業感到羨慕。」他足足花了二十分鐘來告訴我們這家公司有多好。這聽起來其實滿不錯，但是他最後加上的幾句話，卻破壞了一切：「就是你們這群業務員在扯公司的後腿。我不覺得你們之中有任何人懂得銷售這玩意兒。我們的產品好到只要訓練一條狗分發宣傳手冊，都會比你們之中最好的業務員賣得多。」他令在場的每一位業務員自覺一文不值。很自然，公司的其他員工，從總裁那裡得到暗示，開始以趾高氣揚的態度對待我們。他們回電話時，就好像幫了我們一個大忙，我們被當成次等公民一般看待。

甚至在公司集會的場合，其他員工也遠遠地離開我們，他們的眷屬居然也以同樣的態度對待我們，幾乎不對我們這群業務員保持應有的社交禮貌。「這令我想起我丈夫和我駐紮在佛羅里達時，高級軍官的妻子是如何對待下級軍官的妻子的，」一位業務員的妻子這樣說，「但是那是在軍中啊，我以為我們退伍了，應該不會再受到這種待遇了。」慢慢地，許多業務員的妻子拒絕參加公司的社交集會。這種來自家庭的敵視態度，成了業務人員需要克服的負擔之一，當一個人的家屬都不肯支持時，任何人都無法對公司和自己的能力產生信心。

建立自尊和信心

一位業務員雖然必須有做好差事的自尊心和信心，但是他的許多態度全視公司對業務部門的態度而定。讓我舉例說明：甲公司和乙公司是相互競爭的雜貨批發商，兩家公司每天都由業務員固定打電話給客戶，銷售與運送脆餅、洋芋片及相關產品，並負責送貨。然而在對業務部門的態度上，他們卻截然不同。甲公司堅持他的業務員得穿制服，並且稱他們為「司機」，而乙公司的業務員則身穿運動外套，有固定的薪資外加佣金抽成，名片上的頭銜是業務代表。

當乙公司的業務員走進公司辦公室時，公司員工把他當成貴賓來看待，就像一位業務員說的：「我覺得自己像個英雄，這是自從我參加高中足球校隊以來，從來沒有過的感覺。全公司上下都認得我，而我也經常被邀請共進午餐。每個人待我都是那麼和顏悅色，我很喜歡這種感覺。」

遺憾的是，甲公司的業務員卻有不同的待遇，公司雖沒有明言，但卻暗示他們在公司不受歡迎。「公司有非常豪華的辦公室，但我走進去時，卻自覺是個干擾者。」一位業務員這麼說，「跟那些人在一起，我就渾身不自在，或許是因為這件棕色的制服在作祟，我被當成不事生產的團隊成員看待。」這正是甲公司對他和其他業務員的看法，無怪乎他會如此想。

不消說，乙公司吸引的業務員素質遠高於甲公司，他可以取得比甲公司的對手多兩倍的業績。總之，這一切都取決於公司對業務員的態度，不管是正面還是負面的態度，都會在每一位業務員的自我形象上反映出來。

我百分之百地信任我們每一位獨立美容顧問，把她們放在同樣的位置上。「這還不是因為妳有當過業務員的背景。」也許別人會這麼說。是的，我認同業務員，因為那是我的出身，但是並非每個有銷售經驗的經理人都會如此想。事實上，我想起一位廠長對他的業務部門所說的一段話：「我和在場的諸位一樣，都是幹業務員出身的。相信我，我深知箇中的奧妙，倘若你們之中有任何人想要欺騙我的話，就大錯特錯了，沒有你能做而我還不曾幹過的事。所以要是你認為我不信任業務員，那你就對了，我是不相信任何人的，假如你懂我的意思的話，就不要輕易嘗試。」當然，這位廠長是個大壞蛋，他認定其他的業務員也和他一樣。事實上根本不然。在場的每一位業務員，對他先入為主的假設都感到非常憤憤不平。

在一次某大公司的酒會中，我碰巧與一位執行長同桌，他對他的業務團隊傳遞了一個非常美好的訊息：「今晚，很高興你們這群在過去一年來為公司創下銷售紀錄的業務員能在此聚會。雖然公司有最先進的生產設施和最完善的支援系統來為你們服務，但是我們都很清楚地知道，若不是諸位賣力地銷售我們的產品，就不會有今天這一切的成就。」然後他停下來，在一塊大黑板上寫下大大的幾個字：「生產減去銷售等於報廢。」他很誠懇地說：「能與你們這些優秀的女士和先生共事，我感到無上光榮。我認為你們是世界上最棒的業務團隊。」

這真是振奮人心的一段話，適用於任何的業務組織上。

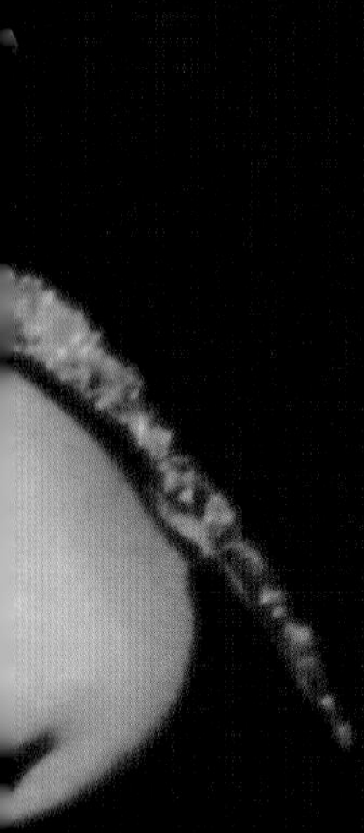

「如果你善待他人，他們工作會更有效率，獲利也會因此提升。同樣的建議也適用在你的顧客上。事業成功不等於佔別人便宜。相反地，重要的是給予他們價值、關懷和注意力，這樣一來他們連跟其他人做生意都會有罪惡感。」

—— 玫琳凱·艾施

第十九堂
永遠不要被規定或自大所蒙蔽

第十九堂

永遠不要被規定或自大所蒙蔽

曾經有一位朋友家的安全警鈴系統故障了，他們一家人都不在城內，所以他們的管家打電話給保全公司，報告這件事。「只要我們得到屋主的許可，我們就立刻派人去修理。」他們如此回答。這位管家強調屋主在一週內是不可能回來的，而保全公司則堅持若沒有主人的允許，他們不會派人修理。於是，焦急的管家向我求救，問我可有辦法。

我打電話過去，得到同樣的答覆。

「但是他們不在城裡呀！」我解釋。

「很抱歉，夫人，但是未經主人許可就派人去修理，違反我們公司的規定。」對方如此堅持著。

「我瞭解，」我耐著性子再說，「但是這又有什麼區別呢？他們的管家就在屋裡，並且持有鑰匙。很明顯，她不是什麼強盜，我建議你，既然她不是強盜，而警鈴又壞了，你最好立刻派人修理；假如你不派人修理，真正的強盜可能會破門而入，到時貴公司就要負起全責。」

「您說的都是事實，夫人，我也贊同您的意見，但這實在違反了我們公司的規定……」

「我可以同貴公司的經理談談嗎？」我問。

「當然可以，但是他也會這樣回答。」

他說中了。「這違反了本公司的規定。」那位經理一再重述。

「但是為什麼你們要訂這樣的規定呢？」我問。

「這個嘛，我們有一大堆規定，夫人，我無法一一為您解釋。是芝加哥的總公司訂了這些規定的，我只是執行而已。若我違反了規定，會惹來一大堆麻煩。」

慶幸的是，還是我的銷售技巧救了我，使我得以說服這位仁兄開此先例。故障的警鈴系統修好了，但是請你相信我，我可是快氣死了。

以「違反公司規定」這句話來搪塞一切，真是令人生氣，但是當你一問這些規定的道理時，經理或業務員只會一再重複：「違反公司規定。」使你不得不懷疑，答話的人根本不知道答案。

就是因為不知原因所在，在沒有安全感的情況下，他必須藏在公司的規定背後。他知道，若他以公司規定做為藉口，你對他的怒氣就會轉移。事實上，這種自我防衛的方法倒是很有技巧。從別人身上很容易挑出這種行為模式，但是你能在自己身上找到嗎?你曾經有過無法解釋或辯護公司的規定，而以一句「你不可以這麼做，因為那違反公司的規定」來搪塞的經驗嗎?

不要以無法解釋的公司規定來壓人

我並不是主張廢除公司的規定，若少了這些規定，公司是不可能運作的。我的意思是你絕不可以訂下一條規定，而不給理由。不要以公司規定為藉口，要是你不聽奉勸，那就會因而疏遠了部屬和顧客。這種機械式的反應，對一般顧客來說是很令人沮喪的;對部屬來說更是令人感到挫折。倘若一位顧客不喜歡你公司的規定，他大可以去光顧別家公司。但是為了一點挫折而拋棄一份工作，不僅偏激，代價也過高。所以一般來說，受到挫折的員工是不會離職的，他會留在原來的職位上，但是他的痛苦和怨恨仍然存在，於是不知不覺中損害了良好的雇傭關係。

玫琳凱公司也和其他公司一樣，並非每一條規定都被每個人所接受。如果有一條規定存在，必然有它存在的理由，我們遵守它，但是我們不以它為擋箭牌。

另一條必要的規定，深切關係到我們龐大的銷售隊伍，這牽扯到一個美容顧問在團隊與團隊之間的流動問題。在我們早期的歷史記錄上，個性的衝突是有的，美容顧問會申請到其他業務督導的團隊裡去。我們試著去協調這種個性上的衝突。最初我們准許這種調遷，但是這引起業務督導間的摩擦不和。「為什麼你讓貝蒂離開我的團隊，轉到蘇西的團隊呢？」我們會聽到這種抗議，最後我們訂了一則規定，一位美容顧問離開公司一年以上，才准許轉到其他團隊。這也就是說，她必須再次申請成為一位獨立的美容顧問。

只要可能，任何公司的規定和指導綱要都應以書面方式為之，如此可確立公司對某些關鍵事件的立場。這些資訊越容易取得與瞭解，越能避免各種紛爭。我們相信，若事先有明文規定，就可以掌握任何可能發生的問題。為了達到這個目的，我們為每一位業務督導都提供了各種各樣的教育工具和資源。我認為將公司的基礎交代清楚是非常重要的。通過有效的溝通，我們定下了獎金制度及特定獎項、表揚和晉升的規則。這些基本資訊能夠讓每個人都方便取得，便再也沒有所謂的不公平存在了。

要是每個人都能贊同公司所有的規定，那是件多麼美好的事，但是這種期望太不切實際了。沒有一家公司可以符合所有人的要求；但是你可以提供理由充分的規定，人們會遵從公平的規定。事實上，完善的公司規定常使人們覺得有安全感，因為他們事先早有心理準備。你不妨試著想像，若你的公司沒有任何成文的規章，那將會多麼令人彷徨不知所措。我們有成千上萬名美容顧問，如果沒有這些出色的溝通工具，將出現多麼混亂的場面！

許多企業在一九五〇年代所頒佈的規定，事實上是很不合理的，甚至是違法的——例如男女不平等待遇的規定。某些公司目前施行的規定，雖然不違法，但卻相當古板。多年來，這類規定逐漸演進成為公司的制度，但卻沒有人對它們的存在價值提出質疑。有些規定甚至可以追溯到女性尚未進入勞動市場的時期，這些規定是男性為男性制定的。一個明顯的例子是，每天工作時間為上午九點到下午五點，這樣死板的時間規定，早已成了數百萬職業婦女所關心的問題，她們必須把下午放學的孩子送到安親班照顧。或許，在頒佈這項工作時間的規定時，確有其必要性，但是事隔多年，這種規定早已不合時宜了。在某些大型的企業機構，龐大的行政組織經常延遲規定的修訂。我認為在這種公司上班的女性朋友們，應該將她們的難處反應給管理當局。一位女性的見解，常常會啟發出你以前不曾想過的新觀點。當不合理的規定被提出來公開討論時，女性若能參與意見，則一定會有合理完善的修正。

每一家公司都極可能有一兩條規定，對男女員工有差別待遇，或是過時陳舊不堪。經理人若想避免執行這樣的規定，最好的辦法可能是不要以它們為藉口，別只宣佈這些規定，而必須有合理的解釋：「這是公司的規定，因為……」而且，如果你無法以令人滿意的理由來完成這個句子，那就是你應該修訂或廢除這條規定的時候了。

很顯然地，每家公司對自己現行規定的檢討，都有不同的做法。如果員工想發動這種檢討，他或她首先得瞭解適當的方法是什麼。也許是直接找直屬主管，也可能要透過公司的人事部門，但是不管經由什麼管道——董事會、同儕審查委員會或人事管理委員會，你都必須明白一點，任何改變都需要一點技巧和策略。這些可能的策略包括：

- 必須說明提出修正案的理由，準備完整的研究資料。
- 預先想好可能的反對意見，準備妥當的回答。
- 指出在公司中強烈支持修正案的人。
- 準備好做出可能的妥協和再修正方案。
- 預先備妥新規章來取代有問題的規定。

換句話說，你不能光是抱怨規定陳舊不堪，你必須想出可以取代的新規定。

人們只要感到缺乏安全感，消息不靈通，或不自在，就會想用公司規定來搪塞一切。但是還有一個更具毀滅性的情況：人們也可能躲藏在自大傲慢之後。

不要被職位的晉升沖昏頭

當人們爬至公司階梯的頂端時，常會被成功沖昏了頭。他們表現出志得意滿的神情，喪失了那些促使他們成功的特質，例如與人共事的能力，以及理智與果斷地面對問題的能力。我看過太多這種不幸的故事，很自然，他們的自大傲慢，將他們拉下了成功的階梯。

為什麼這麼多有能力的人，竟無法掌握住成功？心理學家告訴我們，表現得高高在上的人，事實上是很自卑的。根據我的經驗，我同意這種說法。成功的人對自己充滿自信和安全感——他們是誰、他們的才幹何在、他們的能力限制在哪裡，他們自己都很清楚。他們也保有一份謙卑，使他們能夠衡量自己職位上的責任，及時間上的要求，在兩者之間取得平衡。那些無法掌握成功的人，常以裝腔作勢來掩飾他們的不勝任。他們雖然想要巧妙地掩飾，卻很少能隱蔽事實。

有人認為富人也只不過是有錢的窮人罷了。今天贏得五百萬美元樂透彩券的人，第二天仍然是同一個人，他只不過比別人多了五百萬美元而已。當然，這筆錢會改變他的生活，但如果他因有了這筆錢就變得傲慢不恭，或自以為是，那他將失去別人對他的尊敬。

成功有賴於團隊的共同努力

每一位經理人都應該認清，他的成功建立在整個團隊的共同努力上，每個人的努力目標都是一致的。公司的每一個人，對自己的工作都應有共同一致的觀念。我在新進員工的培訓中常會強調這一點，這樣才會使他們感到對公司能有所貢獻，就算只是初來乍到，也是舉足輕重的。一個人的頭銜，或是薪水的高低，並不會決定我對他的尊敬和感激。在公司裡，每一項工作都是重要的，一旦有人出色地完成了一項任務，我都會盡力表達我對他的感激與欣賞。只要可能，我會儘量叫出每一位員工的名字，並給予適當的讚許。例如，我會碰巧遇到公司的工務人員，我會對他說：「比爾，辦公室看起來棒極了，你把這些畫掛得真好。」或者，我沒有遇見他，但我知道他最近辦好某件事，我可能會留一張親筆紙條給他：「比爾，我想讓你知道，我很感激你把冷氣機修好了，現在辦公室裡舒服多了，謝謝你。——玫琳凱」。很遺憾的是，這些幕後工作人員經常被忽視遺忘。我親眼見到公司的工務人員在辦公室工作，而辦公室職員卻對他們視而不見。瞭解到這種狀況，我盡力對他們表示出誠摯的態度。

身為公司的創辦人和董事長，我認為我應該樹立一個好榜樣，不管對方是何身份——公司的總裁或警衛，我都會很認真地設法讓全公司的員工都知道，我很感激他們。我曾經說過，公司任何一間辦公室的門上都不掛頭銜，每個人都以名字稱呼，公司裡也不另設主管級專用餐廳。幾年以前，公司剛裝設電話總機系統時，有人問我，需不需要裝一部私人電話，我回答說：「老天，不必了，沒有人會私下打電話找我的。」

不要製造「有」與「沒有」的氣氛

請相信我，不是我不贊成另設主管專用的餐廳、盥洗室，或在經理辦公室裡裝設私人專線，我只是不希望在公司裡鼓勵這種膚淺的舒適性設施。在「有」與「沒有」之間，製造隔閡的氣氛，有違我們的原則。當你把引人注目的身份象徵給予少數特權階層，必然會產生這種隔閡。我不鼓勵特權階層，這樣的環境會培養自大傲慢，而自大傲慢正是摧毀士氣、自我毀滅的利器。我見過許多勤奮而謙虛的人，迅速地晉升並享有執行主管辦公室，但是也很快地變得傲慢自大和作威作福。在我的觀念裡，執行主管辦公室裡是容不得這種人的。在我們的業務部門中，這種轉變只會導致一個可預測的結果：對工作和個人都會很難堪。

領導者的成功在於培育和激勵他人的能力

我們同樣強調，在玫琳凱公司，一位美容顧問即使登上事業道路的更高階層，也不能忘記她曾經是個美容顧問。當她更上一層樓時，她的成功是取決於她在團隊中培育和激勵成員的能力。一位業務督導若想成功，一定要讓她的美容顧問願意以她為榜樣，並以效法她為榮。我們最有成就的幾位業務督導，證明了只要誠懇地把事情做好，平凡人也可以成為非凡的業務督導。每一位業務督導的成功都建立在她團隊成員的成功上。她若想以暗示的方式來破壞她美容顧問的信心，埋沒她們更上一層樓的能力，以試圖建立起她個人高人一等的形象，那她的企圖一定會適得其反。到後來，她的高壓手段、傲慢和驕縱——簡言之，她狂妄自大的行為舉止——將會預告她的失敗。

遺憾的是，有些人眼中只有自己——甚至可以不顧他人死活。一些經理人對其他的經理人很和善，但對那些比較資淺的人則冷漠無視。這種不惜一切代價去追求成功的傲慢態度在各行各業都能找到。

對於這種人，我們又該如何應對呢？就如我早先所建議的，人們躲在傲慢的背後，往往是出於恐懼和缺乏安全感。對於這種人，我不想給予心理學上或是治療上的忠言，根據我的經驗，這裡有幾個暗示，也許對每位領導者都有幫助。

首先，你得仔細檢討自己的想法和感覺。你對自己所扮演的角色感到不安和猶豫嗎？如果答案是肯定的，那很簡單，「做好你的功課！」我們在第七章已討論過了，對產品透徹的認識和實際的管理經驗是排除不安全感的最佳方式 你表現狂妄自大嗎？換句話說，你是否無視於別人的需要和感覺？給人的印象是否冷漠且傲慢？如果是這樣的話，我建議你參考下列的準則，設法在別人的心目中重建你的形象：

- 永遠誠懇地對待你的員工。如果他們所要的資訊，是你所不能洩露的，老實告訴他們；若他們問的正好是你不懂的，也要坦白承認。人們往往很快就能看穿不實的煙幕。
- 在事實和立場上一定要一致，這不僅能幫助員工瞭解你，他們也可以因此建立工作上的安全感。

- 與別人相處時，儘量放輕鬆，並且要有自信。有時平靜堅定的聲調，可以使你的員工感到自在。說話以前先想清楚，確認不會造成誤解，並且做自己。
- 盡可能在向他人提到你的團隊時用「我們」，而避免用「我」來指稱。這麼說可以表現出你對他們所做貢獻的接納與尊重。
- 最後，要永遠記得自己的出身，牢記你的前程完全賴於你與他人共事的能力。浮華排場或許能夠短暫地迷惑世人，但是狂妄自大永遠不會被讚許，至少對領導者而言是如此。

「你應該讓機會主宰你的人生，要記得每個構想都可能有缺失。只要修正問題就好。不要讓問題成為停下腳步的藉口，也不要讓你的問題變成藉口。」

——玫琳凱·艾施

第二十堂 剖析問題六步驟

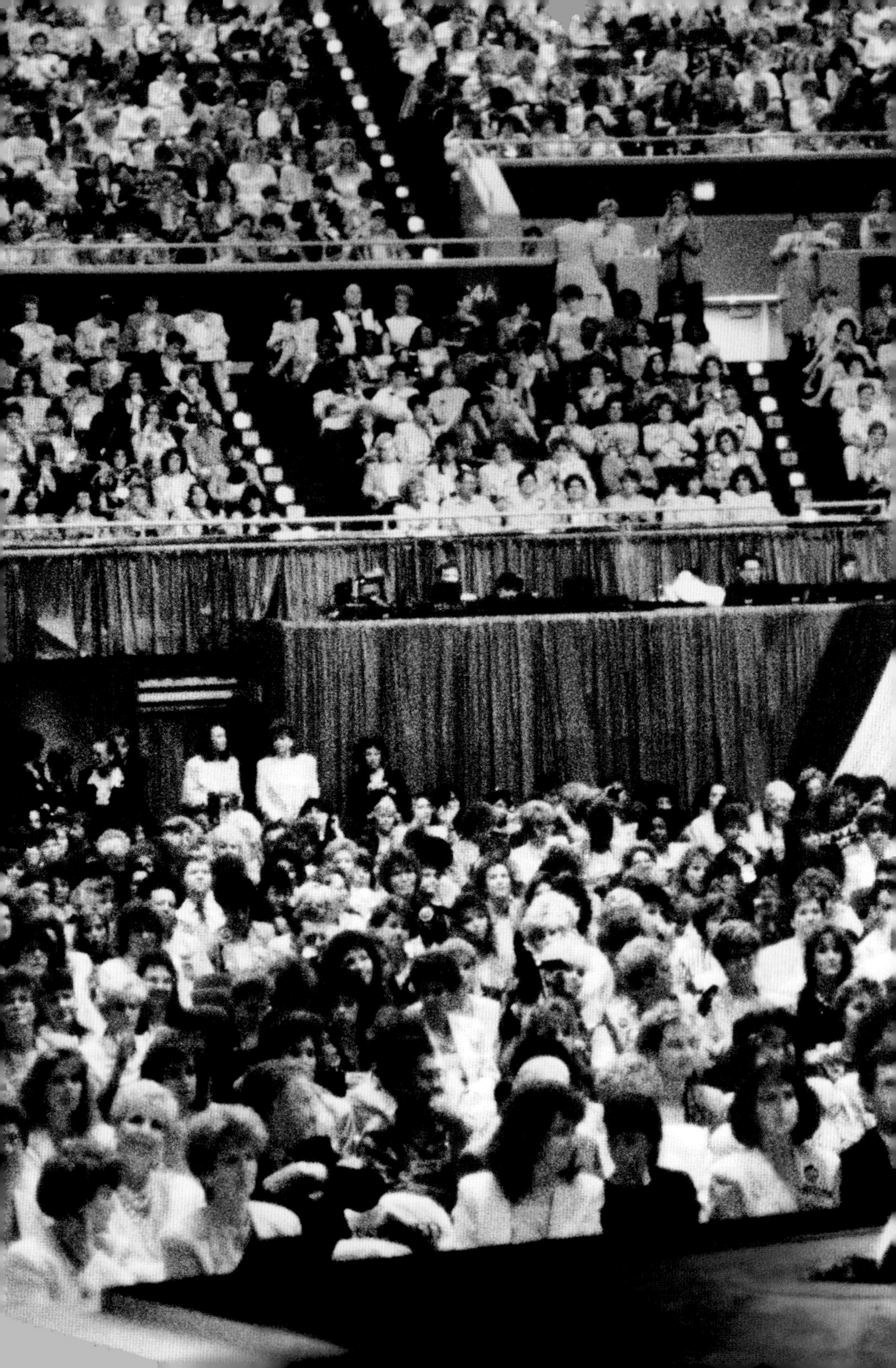

第二十堂

剖析問題六步驟

任何事業都不可能一帆風順，隨時會遭遇到難題。而且不管是什麼難題，幾乎都會牽扯上人的因素。光是「渡過」或「經受住」這些難關是不夠的，身為領導者的你，必須採取行動解決它們。這種解決問題的過程有一定的模式：

1 認清問題
2 分析問題
3 列舉各種可能的解決之道
4 選出最佳的解決之道
5 執行
6 追蹤調查並評估結果

承認問題的存在是解決問題的第一步

事實上，有些人的問題似乎比別人的「真實」。首先，你必須考慮有一群習慣性的抱怨者，不管問題多麼微小，他們都會加油添醋。你會很快地在你的團隊中認出這些人來，不要忽視他們，因為他們有時的抱怨確實合情合理。當然你必須很清楚自己的事業和團隊，才能分辨出哪些是真的問題，哪些又是這群人無中生有想像出來的問題。有生產力的人，通常因為太過專注於工作，而沒有閒暇抱怨，他們也不允許一些芝麻小事干擾他們的工作。最妥當的辦法是多聽聽每個人的抱怨，但特別注意那些工作勤奮的人所提出的抱怨。

我們告訴銷售隊伍中的領袖們，花百分之四十五的時間關注那些剛加入這份事業的新人，花百分之四十五的時間關心表現優異的成員，剩餘百分之十的時間，才用在那些事業岌岌可危的人身上。這百分之十的人正是問題的核心，通常也佔去業務督導們最多的時間。這個百分比可以應用到所有的行業上。優秀的領導者知道他們的時間若花在培養新進人員和那些業績表現優異的人員身上，會更有收穫。

決定問題是否有根據

當然，每一個問題都要仔細研究，才能確定它的真實性。所以我要再一次強調，當一位好聽眾是很重要的，以查出是否有可證實的事實存在，或者問題是否是被捏造出來的，或是有所誇大其詞。在我們龐大的銷售團隊當中，假如真有很明顯的問題，我們會很快從許多美容顧問和業務督導們那兒得到強烈的反應。尤其在一款新產品剛上市時，反應最迅速也最強烈。例如，有一款新型眉筆一上市，就有許多美容顧問抱怨筆太脆弱了，一削尖就斷裂。然而我們的調查顯示，問題不在於眉筆，而在於我們的削筆機，於是我們將削筆機修改為雙刀刃的設計，眉筆尖就不會再輕易斷裂了。由於我們針對每一個抱怨做檢討，當許多女士寫信來抱怨筆尖易斷時，我們馬上知道這個問題是真的。

我們不能因為收到大量的抱怨投訴，就很自然地認定這回一定是個大錯誤。偶爾，當我們剛開始推行一個大變革時，最初的反應會是負面的。我們明白，有許多人對改變有排斥感，儘管這個改變能帶來改善。所以我們對抱怨都是以很慎重的態度來處理，經過徹底的調查後，可能會發現這種改變是合理的，只是我們如何溝通的問題而已。最穩當的方法是，在你企圖進行任何改變之前，一定要小心仔細審查，有時是推行變革的方法不得體，而不是變革本身有問題。

優秀的領導者會專心聆聽真正的問題

有些人抱怨是希望得到別人的注意。他們需要一個藉口，來吸引你聽他們說話，所以他們會帶著一個想像出來的問題來找你。你得仔細地聆聽他們的每一句話，從隻字片語研究出他們問題的真正癥結。若能應用我在第三章裡所提到的「隱形的牌子」的概念，一定很管用。一般說來，對話大致如下：

「玫琳凱，我一定要告訴你一個很嚴重的問題。」

於是，約個時間見見面吧。當這個人走進辦公室時，她通常會先道歉一番：「真抱歉，玫琳凱，事實上我不該佔用妳的時間，但是妳看這個……」

「請告訴我妳真正感到困擾的問題吧！」

這個時侯，我就靠著椅背，仔細地聆聽，不斷地點頭，通常無需我做任何解答，她就會就此結束我們的對話：「玫琳凱，我不知如何感激妳，百忙之中還能抽空幫我這個忙。」

談到後來，我很顯然地看出，這位女士根本沒有真正的問題，但她自己不知道這點，對她而言，問題是真的。她所需要的，只不過是一點點的關注。一旦讓她滿足了，她的精神就來了，她滿意地離開我的辦公室。倘若我不給她一點關注，她一定繼續相信自己有困難，請相信我，這樣才真會惹出問題來呢！

領導者應認清由家庭問題所引發出來的工作問題

有些人對於不是問題的小事，也會大驚小怪，而且，他們所反映的問題也與公司的業務截然無關。在我們的業務團隊裡，這種情形時常發生。我們的經驗顯示出根本原因通常與事業無關，當業績出現暴跌時，往往是個人危機所導致的結果，例如婚姻、小孩、父母老邁、家庭經濟及健康問題。

據我觀察，女性在人際關係的處理上比較感情用事，她們無法很單純地走出家門，將個人問題置之腦後。我們不能責怪女性的這種特質，因為正是這種特質，使她們能成為敏感且關心人的領導者。

我知道擔任高級主管職位的女性離婚率較高。有人因此認為，一位成功的職業婦女必然會為了事業而忽略了家庭。我不以為然。我寧可懷疑許多「未就業」的婦女，因為經濟的限制而委曲求全，苟存於不愉快的婚姻裡。一旦她們謀得一個高收入的差事，經濟得以獨立，她們就會有求去之心。假定這是事實，那麼女性主管的離婚率，就不如我們早先預測的那般令人困擾。

當然，也有些婚姻問題與社會世世代代以來對女性事業的雙重標準有直接的關聯。例如，一位丈夫被允許工作至夜裡十點、十一點，只要他有打電話回家說：「親愛的，我們今晚有財務稽核，我會晚點回家。」或者：「我們得取消旅行計畫了，因為我不能遠離辦公室那麼久。」或者是：「我們不能去參加那個妳盼望已久的派對了，因為……」在我們的文化當中，這種男性特權是被接受的。但是如果一位女性打電話向她丈夫說類似的話，那就是一個完全不同的問題了。這種雙重標準的觀念有沒有解救之道呢？最起碼，女性應該讓先生們清楚她們工作的性質，以及她們對事業的投入程度和範圍。女性若想贏得先生的支持，唯一的辦法是使他們瞭解，她們的事業目標對他們的婚姻關係或其他義務責任不構成威脅。

對獨立銷售團隊來說，我們獲得她們另一半支持的方式之一就是邀請他們參加公司舉辦的活動。當一位美容顧問或業務督導帶著她先生來時，我們會請他們參加為先生們所安排的特別課程或休閒活動，比方說保齡球對抗賽、高爾夫球賽等等。我們發現，先生們越瞭解這份事業的情況，他們越願意支持他們的妻子。一旦他瞭解太太的事業目標，他就不大會抱怨說：「我的老天，一堂美容課到底要花多少時間呀？」相反地，他甚至願意每星期幫太太照顧小孩幾個小時，因為他已經知道這對他太太的自我發展和家庭的財源有莫大的幫助。倘若缺乏丈夫的支持，一個已婚的職業婦女，無論在什麼行業，總會遇到重重困難，即使是我們之中最堅強能幹的女性，也會乾縮枯萎，失去活力。

為問題找出可行的解決辦法

解決問題的關鍵步驟是精確地分析問題的本質。在工作中，領導者和他或她的成員們一定要密切合作。運用此資源，並讓他們詳細說明問題涉及的範圍。透過這樣的分析來思考一個問題：問題所有的組成要素都在你的（或你們部門的）權限範圍之內嗎？

如果問題超出了你所掌控的範圍，你能改變局勢嗎？你能制定出其他切實有效的措施嗎？還是當問題出現的時候，只能被迫接受呢？假設你是一個部門的領導者，這個部門所裝配的產品零件來自其他供應商。但是在某一環節出現了問題。你遇到的問題是最終的成品無法使用。你可以通過仔細觀察裝配過程中的每一步驟、認真檢視最終成品等方法，去剖析對整個產品起作用的各個環節，來找出引發問題的原因。最終你找到了問題的所在：有一個零件尺寸太大了。這個發現就將你帶入了解決問題的第三個步驟：列出可能的解決之道。

聰明的領導者會在這個階段再次借重他的人員。一個舒適、自由的工作環境在此會發揮其效益，因為在這樣的環境下，人們勇於承擔風險，並想出具有創意的解決方案。通過反覆商討，你和你的人員們決定更換供應商，修改那些過大的零件，或者改變最終產品。

通常你需要在所有具有可能性的選項中做出選擇。假如在組裝的過程中，你發現你的員工無法更換供應商——或者他們不能把過大的零件改小——那麼你會發現最好的選擇就是將裝配的孔眼加大，以配合這個零件。當然，在選擇最佳方案時，你需要考慮多種因素，比如成本、時間、人力以及產品的最終品質等等。

解決問題流程的下一步就是執行了，此時，你可以應用我們在第十章所提到的關於改變所必須準備的知識。最後就是跟進執行，確定問題已經解決，並評估「解決方案」的好壞。

身為領導者，你必須為處理廣泛的疑難雜症做準備。有些問題是真問題，有些也許是杜撰出來的，但是絕大多數是二者兼有，通通得仔細聆聽，並且保持寬大的胸襟。最後——也可能是最重要的——記住這句古老的格言：「東西沒壞就別修，免得弄巧成拙。」

「工作的目的是要為你所愛的人和你自己提供幸福與安全感。你的幸福和他們的幸福息息相關。對你好的對他們也好。為了保持健康，你需要吃得營養、規律運動，並從事紓壓的活動。這表示你要更放鬆，偶爾更要好好寵愛一下自己。」

——玫琳凱·艾施

第二十一堂

壓力是阻礙你與下屬溝通的毒藥

第二十一堂

壓力是阻礙你與下屬溝通的毒藥

一位優秀的領導者會儘量減低部屬的壓力。假如一個人正在處理離婚的法律程序、正在照顧生病的年老雙親發愁、個人正瀕臨破產邊緣，你必然可以猜到，他或她正處在極大的壓力下。醫學專家指出，重大的壓力會引起一些嚴重的疾病，如心臟病或癌症。到底壓力給人的影響有多大，我們還不能完全瞭解。但是，壓力確實會帶給雇主和員工雙方莫大的損害，因此，每一位領導者都應該努力設法減低工作場所的壓力。

請注意，我並不是說完全「排除」壓力，某些壓力是我們想要的，甚至是必要的。比方說我們都知道長跑選手在有強大競爭對手的刺激下，會有更出色的成績表現。同樣地，在一生僅有一次機會的競爭壓力下，奧運滑雪或滑冰選手也可能會創下世界紀錄；演員在觀眾面前表演，會比在空蕩蕩的排演廳中更為出色。套用巴利摩爾（John Barrymore）的說法，假如你在表演中失去了緊張感，你就會失去觀眾。而我身為一名銷售人員和演說家，時常感覺到腎上腺素的分泌，這是我們人體對壓力的正常反應。我們都知道，在某種壓力下，一個人的表現往往會比較優異些，所以我們不可完全排除壓力。我們應該認清不同的壓力種類和不同的環境，分辨哪一種壓力環境會幫助刺激我們的表現，哪一種會傷害我們。

當急迫感能激發優異的表現時，這種壓力被認為是有益的。舉個例子來說，有些主管能在壓力下準時地將一個「急件」趕出來；有些人與才幹高的人共事，也會感到有壓力的興奮感，使他們能有高水準的表現。另外還有些人，在團隊精神的感召下，也能有超水準的表現，這種人害怕因為自己落後，影響了整個團隊的成績，所以不得不格外賣力。這種刺激卓越表現的壓力是值得鼓勵的，因為最後的結果是正面的、能夠恢復生氣的。

友善且富有生產力的環境要由領導者開創

以上所提到的幾種壓力，對我們的影響是正面的，但是另外一種負面壓力，對企業卻有莫大的傷害，會降低士氣和生產力。身為領導者，我相信應該製造一種友善、輕鬆的工作氣氛。人生苦短，何不和氣生財！就如我經常強調的一個概念一樣，人在與領導者相處愉快和輕鬆的情況下，才會有良好的表現。很明顯地，友善且富有生產力的工作氣氛，必須由做為領導者的你來開創。你的心情直接影響到你的下屬。一位友善的經理人，一定不會給他的部屬太大的壓力；相反，一位獨裁自大的領導者，以批評苛責部屬為榮，他所帶來的壓力必然不小。我曾經在一位「獨裁者」的手下工作過，這位先生隨時藉著芝麻小事向你跺腳咆哮。我也曾經在一位脾氣暴躁的老闆那兒上過班，辦公室裡經常充滿了壓力，有時緊張的氣氛濃厚到可以用刀刮下來。我也曾待在一間辦公室，那裡所有的工作人員害怕到不敢抬起頭，你幾乎可以看到他們額頭上冒的汗。這些壓力都是我們必須摒除的。

領導者通常有權解雇他掌管部門的員工，或決定他的前途。一個失寵於主管的員工會每天生活在持續的恐懼中，隨時都得提防被叱責、降職，甚或被革職，這會產生壓力。

這樣的關係使人對工作沒有安全感，我曾經身歷其境，我可不希望這種事情重現在任何人身上。就因為這種原因，我特別費盡心思，設法製造出完全相反的氣氛。我要使我的員工知道，我是真心誠意地關心他們的福利。我在本書中一再強調，當高層主管關心他的員工時，這種關懷的情緒將會瀰漫至整個公司。

猶豫不決的領導者會帶給人壓力感

根據我的觀察，在果斷的領導者手下做事，人們的工作安全感較高。倘若一位領導者不能面對問題，無法做出決定，這會對他的屬下造成壓力。一家辦公室設備公司的一位地區業務經理曾經這樣告訴我：「玫琳凱，我對我的工作喪氣極了，業務副總裁告訴我，我負責的銷售區域業績很差，他說：『我要看到進展，你要想辦法把業績做起來！』他沒給我一個明確的數字，我根本不知道我到底該銷售多少，才算有進展，我也不明白他為何說我們的業績退步。事實上，比起去年來，我們的銷售量是有增無減呀！我手下的業務員個個工作勤奮，我們的帳目也是清清楚楚的。我要求過他，請他說清楚些，可是他拒絕給我一個明確的指示，他只是很簡單地說：『該做些什麼，應該由你自己決定！』」難怪這位業務經理感到喪氣和壓抑，當一個人對他被要求的事一無所知時，就只有焦慮一途了。

優秀的領導者會指明方向

人們希望強有力的領導——這樣的領導者能給人方向感。領導者若能讓部屬確實瞭解他所期望的工作目標，人們在他手下工作會覺得比較自在。有時，員工會形容他們的領導者很「嚴厲」，但這種領導者至少能讓你知道自己的立場。當然也有太過果斷的領導者，由於過於獨斷獨行，因而沒有人敢反對他，甚至在他明顯犯錯時，也沒有人敢說他一句。像這樣的情形，員工根本不敢面對他，他們會說：「一旦他做了決定，就再也沒有必要與他爭論了，他是頂頭上司，我可不願得罪他。」果決的領導者和專制獨裁的暴君，兩者之間的區別可大了。

一個追求卓越的領導者和一個一板一眼，毫不妥協的完美主義者之間也有很大的差別。這種完美主義者會在部屬身上施加極大的壓力，因為沒有人能在不切實際的過高期望下做得十全十美。雖然追求卓越是值得推崇的，但我們既在一個不完美的世界裡，就必須要能忍受失敗。永遠期盼完美是不切實際的。因此，身為領導者，你不應該定下無法達到的工作目標。

我也不相信冠冕堂皇而不切實際的期限。一個領導者將需時三天的工作交給部屬，卻限他第二天完成，那就太不體諒部屬了。我認識一家大銀行的總裁，他最有名的一招是喜歡在最後一刻將一個大任務交代下來，而這件事卻永遠不可能在他的時限內完成。他這種不切實際的時限要求，給予他的部屬極多不必要的壓力。

一個領導者在下達工作命令時，應該力求明確。倘若你只告訴員工：「把某件事情辦一辦！」這是很令人感到困擾的說法。

「您希望看到什麼樣的成果呢？」員工會如此問。

「我告訴你，我沒空詳細跟你解釋該怎麼做，反正你看著辦好了，我很忙，沒有時間跟你慢慢磨。」這位經理如此頂回去。很顯然，一個模糊不清的命令，會帶來極大的壓力，也會影響生產力。

有許多壓力是來自那些升遷得太快的領導者，他們對於太快得來的職位頭銜，還不知該如何自處。今天，有許多當初懷有性別歧視的公司，為了彌補過去的罪惡感，極力修正他們的人事結構，甚至到了矯枉過正的地步。因為這個緣故，我特別警告女性朋友們，不要去當一名「象徵性」的女經理。我看到很多公司將女性提昇到較高的職位，但是這些職位卻超過她們的能力，因而給她們帶來不小的壓力。各行各業對女性的阻力比較小了，但給予她們的壓力反而更大。一位任職於一家工具鑄模公司的女士，原先是會計人員，在短短六年內，升到公司的財務副總經理。她對我說：「我已經到了精神崩潰的邊緣了，玫琳凱。在我手下至少有四位男士能力比我強，但是公司需要一名女性的主管，而我正好是唯一夠格的候選人。我總覺得公司的男性主管們個個痛恨我的高升，有時我覺得他們故意站在一旁，想看我鬧笑話。我承認我做不來這份工作，但是我要是辭職不幹，就得流落街頭，四處找工作，所以當我不上班時，我也會將所有的夜晚都花在公事上。最初我的先生和小孩都支持我，但是現在他們也受不了了，我是公私兩方面都承受了莫大的壓力！」

我也看過有些領導者拼命想要扮演好主管的角色。在這個過程中，個性也經常會出現改變。你會經常聽到下面的反應：「她再也不笑了！」或者「他好像忘了她的幽默感！」抑或「我不知道她的脾氣如何，但是最近她很容易被激怒。」為了要融入管理高層當中，一些新被提昇的經理人也開始學著說粗話，但這樣會失去男性與女性同事的尊敬。我個人從來不使用粗言粗語，也因為我不說粗話，我四周的人也不說。一個人不以自然的方式說話，是很有失人格的一件事。當女性主管為了被男性社會接受而模仿男性，壓力自然就產生了。但事實上，以自我的面目待人，才是女性獲得升遷的最有效方式。因為如此一來，她可以為管理階層帶來不同的面向。

改變亦能帶來壓力

改變無論好壞，都是產生壓力的主要原因之一。事實上，每一位心理學家都會告訴你，有些人會因為巨大的改變所帶來的壓力而生重病——例如心愛的人去世、離婚，或者失業等等。甚至就如結婚這種愉快的場合所帶來的壓力，也會產生健康問題。不管什麼樣的改變，對某些人而言都會產生壓力。有了這個概念之後，我們在進行改變時，就應該注意循序漸進的基本原則，給你的部屬足夠的時間適應這種改變。只要可能，他們應該從改變的初期就開始參與。切記：人們往往會支持他所參與創造的事物。每當我們所做的任何改變會影響到我們的銷售隊伍時，例如獎金制度的修訂、產品價格調漲、教育訓練或者是建立團隊的技巧改變等，我們都會事先發出通知，好讓每個人都有足夠的時間來做調整。

我們不僅致力於創造公司輕鬆的氣氛，還以行動來推行。我們告訴所有的員工，當他們遭遇到難題時，每一位經理人都隨時準備為他們解決。我們還更進一步鼓勵員工把問題說出來。我認為一個人若是處在極大的壓力下，首先應該做的是面對問題。若置之不理，則事情只有更加惡化。

人們常常告訴我：「玫琳凱，妳目前的地位，身負如此多的責任，妳一定比職業生涯早期感覺更有壓力。」許多人以為一個人所承受的壓力，與所負的責任成正比，這一點我不贊同。對我而言，當我擔心有沒有足夠的錢購買食物、付房租、為小孩買衣服時，壓力才是最大的。這些不確定的事情令我產生不安全感，比我目前在經營上所承受的壓力大多了。雖然我們創業已有數十年了，我仍然忘不了當時承受那種壓力的感覺。我相信如果每一位領導者都能記得他或她在當上主管前的日子，就會做得很好，這會幫助他們用更正確的眼光看事情，也可以使他們從經驗中體會出部屬所承受的壓力。

「領導者會教導與激勵他人，他們關心他人。
對他們而言，領袖並非孤獨地高高在上。
領導者會確保成功的道路足夠寬廣，
讓其他人得以跟隨他們的腳步。」

——玫琳凱·艾施

第二十二堂 從內部培植人才

第二十二堂
從內部培植人才

在玫琳凱公司，我們的原則是從公司內部提拔人才。如果公司內部現有的員工中已經有適合的人選，我們通常不向外界求才。當一個職位空缺時，該部門的主管便將職位的條件正式遞交人事部門。人事部門將有關資料張貼在各辦公室的公佈欄上，公司的每一位員工都有權申請。至於申請人本來的工作是什麼倒無所謂。凡是對本來的工作不滿意或是認為自己對這份新工作能勝任的，都可以申請。所有的申請人都由人事部門約談。有時候一個職位空缺會有二十五個人前來應徵。而唯有在公司內部的申請人都已面試過而且被仔細考慮過後，我們才會向外徵才。這種情況一定發生在我們已確定在公司內部找不到合適人選後。在一般情況下，都是公司內部原有的員工獲得新職位。例外的情形通常發生在極專業的職位上，例如化學工程師、微生物專家、律師等。這種制度產生了很好的效果。你也可以觀察到員工的責任和薪資如何隨著時間而逐漸增長。

這種協助個人發展的作風，在公司中形成了良好的氣氛，使每一位員工都能夠相信自己在公司擁有長遠的職業生涯。剛剛進入公司的員工都知道他們不必永遠待在同一個職位上。一個在封瓶機旁一星期工作四十小時的工人可以抱著希望，他不必在這部機器旁邊連續工作五年，除非他自己願意。倉庫裡的包裝員、會計室的職員，或是打字員在對現有工作不滿意的時侯，都有機會在公司的其他部門找到合適的工作。只要他肯增進技能，充實學識，其他的工作機會多得很，只要多留意就行了。這樣的制度將員工的流動率降到最低的程度。每一位員工都需要公司花很久的時間加以訓練，員工的離職就是公司的損失。這種制度也有一種骨牌效應。比方說，一個主管的職位出缺時，可能有十四個人前來應徵。當某人獲選後，他原來的那份工作又有十八個人來應徵。這份工作又決定了人選後，又有低一層的人可以遞補上來，依此類推。只要有一項變動，可以造成五六次連續變動。只要為一項職位求才，其他職位也跟著出缺。

我們的員工都受過多重職能訓練，所以每個人都可以勝任好幾個職位的工作——而不只是一個。這樣某人要接替另一份工作也很容易。就拿工廠裡的包裝部門來說吧，所有的員工都定期交換工作範圍，每一位員工都能勝任此一部門中的任何一項工作。這種辦法自然消除了員工日復一日、年復一年做同一件工作所產生的厭倦。不但缺席率可以降低，一旦有人請假，我們可以立刻派人代理。在不到一年的時間裡，我們就可以使包裝部門的一位新進員工熟悉該部門的好幾項工作，而且在各項工作上具備相當的技能。假如封瓶機的操作員不在，我們可以立刻派人代替。要是缺少這樣的一個儲備人才的制度，我們可能會碰到極嚴重的問題。試想，如果發生流行性感冒，好多員工請假不能上班又找不到代理人的話，工廠停工會造成多大的損失。

優秀的領導者會訓練自己的接班人

一名領導者要升遷，必須有一個能取代他職位的人。領導者必須瞭解到，他能否獲得升遷，取決於他是否訓練他人來取代自己的職務。現實的情況是，如果沒有人能取代這位領導者的工作，我們就無法將這位領導者升到更高的職位上。每個領導者都必須認識到公司裡沒有一個人是不可或缺的。如果一位領導者為了使自己在公司中佔有無法取代的地位，因而不肯訓練別人來接替自己的工作，那麼他自己便喪失了升遷到其他更高職位的機會。組織發展的主要原則便是要瞭解培養新人的重要性。這些新人的能力越高，領導者的功勞也越大。當然，有些領導者難免懷有自私的心理。他們也許是由於懼怕被取代而拒絕訓練新人，但是他們過於短視，不了解在我們公司裡，限制別人發展也就是束縛了自己。

不恥下問

有經驗的部屬往往能提供領導者最大的幫助。我認為聰明的做法是應該讓人們知道他們的價值：「我必須依靠你們的幫助，事實上，沒有你們的幫忙，我就沒辦法做好我的工作。」多向其他有經驗的人請教，實在是一件大有助益的事。同時，為了儘快增強自己的工作能力，領導者應該為自己訂下一個努力的目標。或許上一些專業課程來增進他的工作技能。

時常有人問我，如果一位女性得到一個遠超過她個人能力的升遷機會，她是不是該承認自己不能勝任而拒絕這種升遷呢？我想，如果新工作實在遠超過她的能力範圍，她最好是拒絕。但是在大部分的情形下，這種升遷都不會超過她的能力範圍。只要她有耐心、誠懇、肯努力，一定會有人肯幫助她。

希望所有的公司都能瞭解在他們公司中有許多能力很強的女性，這些女性的領導才能以往常常被忽略。也許，當公司負責人考慮重用女性的時侯，他們也應該考慮到女性特有的「直覺」，並且希望這種直覺能對公司的高層主管帶來新的影響。雖然所謂「直覺」，以往常被認為是一種難以捉摸的特質。不過近代的認知心理學家以及學習專家，都認為直覺是一種高度發展的思考過程。直覺並不是無緣無故產生的，相反，它是非常有邏輯基礎的，它是對無數人的行為做觀察、整合及歸納所得到的結果。很多人所謂的有直覺，其實就是他們善於準確地預測事物。以我的經驗來看，女性在這一方面是比男性強得多。她們似乎對於別人的感覺及行為特別有直覺。

在一個經營得法，所有的員工都有平等升遷機會的公司，人才絕對不會被埋沒。最近對美國所有管理制度最佳的公司所做的調查顯示，它們的制度都能使最佳的人才升遷到公司的最高階層。我認為一個公司如果不能由內部發展出一個管理團隊，無疑是一個極大的弱點。領導者要培養承擔責任的能力，最好的辦法就是在職培訓。

從公司內部培植人才

在銷售隊伍裡，每一個人都必須從美容顧問做起，從無例外。在一九六七年，也就是本公司成立後的第四年，有一群企業家提出要以十萬美元購買我們在阿拉巴馬州伯明罕地區的獨家經銷權。雖然在當時那是一筆很大的金額，可是我們拒絕了。另外又有一次，一家倒閉的競爭對手公司的幾位經理人想要加入我們的銷售團隊。她們要求從業務督導幹起。但是我們告訴她們必須同其他人一樣，從美容顧問做起。

她們說：「但是，玫琳凱，我們招募、訓練和管理銷售人員的經驗，可比妳公司的歷史還久呢！」我解釋說：「如果妳們真有自己說的那麼行，妳們只需要花六個月的時間，就可以瞭解我們的產品、理念及行銷計畫，然後妳們就可以招募並訓練你們自己的團隊。但是如果我讓外來的人直接當上業務督導，可能會打擊到我們銷售團隊的士氣。」但她們仍然不願意從美容顧問幹起，雖然她們看起來都很能幹，我們還是沒有接受這個提議。我知道另外一家直銷公司，有一次別人出價五萬美元購買他們業績最佳城市的獨家經銷權。這家公司的老闆要求他們在該城市的主管必須取得至少五萬美元的業績，否則經銷權就要賣給別人了。當地的業務經理憤而辭職，而他原本是該公司表現最為優異的業務經理。而當其他地區的經理人聽到這個消息時，也都紛紛要求離去。就一家直銷公司來說，從內部培植的人才是無法取代的。

同樣的原則也適用於每一家正常的公司，每一位員工都務必要知道，升遷的評定標準就是個人的表現，他們應該有把握，如果他們表現優異，他們就有資格，也一定會獲得升遷。同樣，他們也都知道自己對公司的價值有所增加，公司就會有所成長。因為如果沒有成長，升遷的機會也自然會受到限制。有一句流傳已久的話說：「成長固然是青澀的，成熟卻是腐爛的開始。」任何事業不能停滯不前。一個企業停止成長，就無法提供新的就業機會，除非有人辭職或退休！在這種情況下，留在公司裡的人往往是能力最差的。

有能力的人都需要機會及挑戰。這正是造成熱情的原因，也是促使公司快速發展的動力。每一位領導者都應該深信自己的工作正配合天時地利，再適合他不過。你如果要判斷一下自己的環境如何，不妨問自己這個問題：在睡了一整夜後，你醒來時是感覺神清氣爽，迫不急待想要去處理一個有趣的問題或新的想法呢，還是拖拖拉拉不甘心地爬起來，過另外一個「做一天和尚撞一天鐘」的日子？如果你的感覺是後者，你的工作大概很不愉快。要是你的感覺是前者的話，你不僅有正確的工作態度，你也擁有很棒的事業機會。

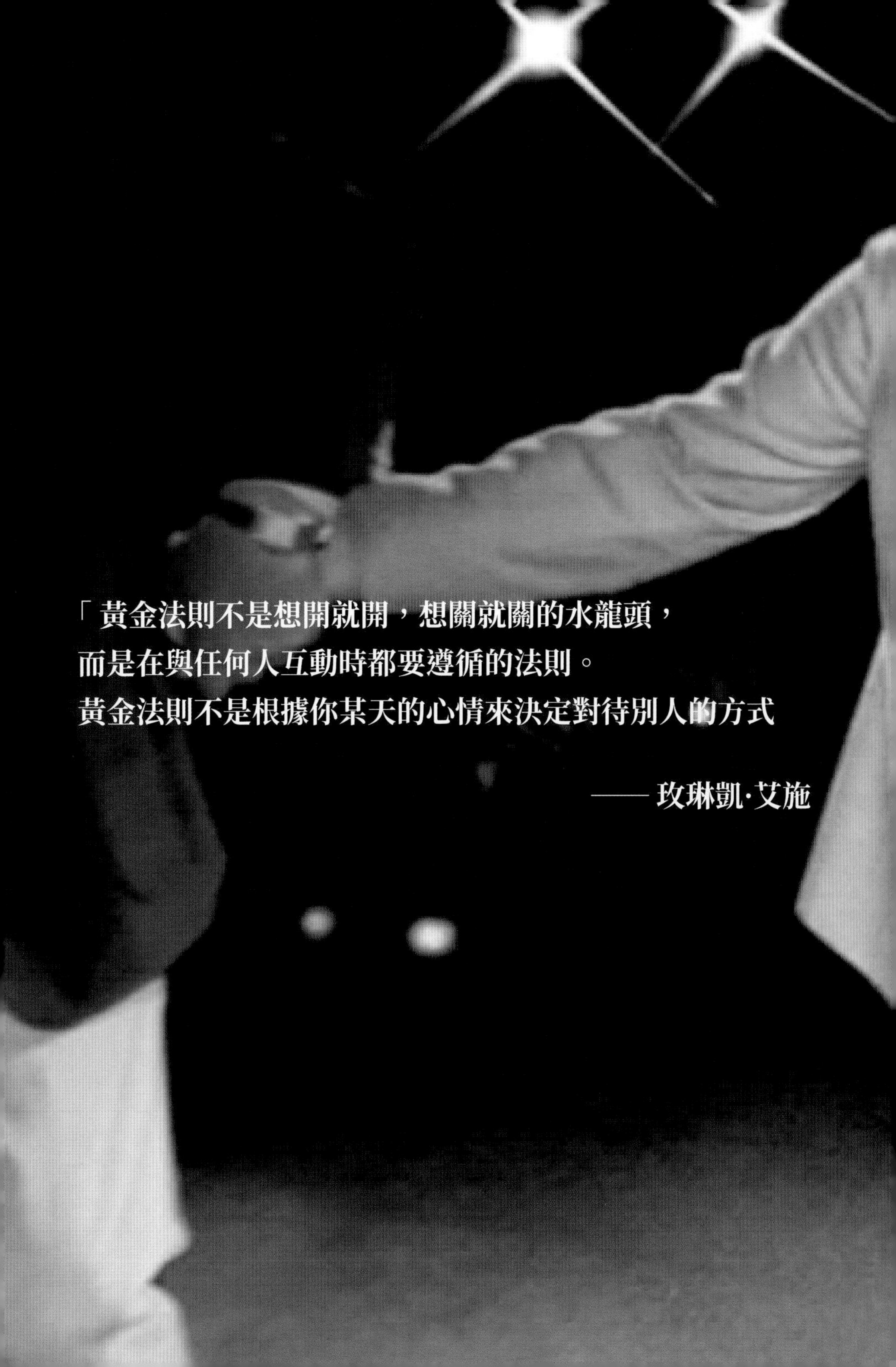
「黃金法則不是想開就開，想關就關的水龍頭，
而是在與任何人互動時都要遵循的法則。
黃金法則不是根據你某天的心情來決定對待別人的方式
—— 玫琳凱·艾施

第二十三堂

於公於私都遵循黃金法則行事

第二十三堂

於公於私都遵循黃金法則行事

我深深相信，黃金法則應該每天遵行——而不只是星期天的誡律。而且其應該運用在工作或生活的各種關係上。你若能遵行黃金法則，那麼你所做的每一項決定，都會是正確無誤的。

我相信不論在公事上或私人生活上，都應恪守黃金法則。假如同情和公平有助於事業發展，何不把如此優良的法則應用到辦公室以外的生活呢？譬如應用到家庭生活上，維持「信仰第一，家庭第二，事業第三」的生活優先次序，就能夠確保生活的和諧。雖然每個人都是與眾不同的獨立個體，但是在我們生命中，最重要的人應該都是家人和朋友。

我們太容易也太經常忽略了我們所鍾愛的人，就因為他們永遠守候一旁，我們就以為理所當然。早上離家外出工作或傍晚回家時，他們總是在家送迎我們。有些女性一心一意照顧丈夫子女，根本沒想到為自己打扮，她們只在面對陌生人的時候盛裝打扮，卻在面對自己心愛的丈夫子女時脂粉未施。難道這不是本末倒置了嗎？當然，大多數男士也有同樣的情形，他們比較在意自己在同事眼中的形象，在家人面前反而不修邊幅。

我們很容易忙於工作而忽略了我們的家庭，要想兩全其美必須靠我們自己努力。我們是否太疲倦了，以致無法多努力一點陪伴家人呢？你也許會問：「這有什麼關係呢？他們會接受我原本的樣子。」但是他們必須接受嗎？有多少生意人，花費一整天大部分的時間打電話和開會，可是當他們回到家中時，卻難得對他們的另一半和孩子們開口說一句話。最近，一位男士向我抱怨他的妻子，她是一名行銷經理。「珍可以和任何其他人整天不停地講話，但是她在家中卻吝於和我說一句話，而且她似乎聽不進去我所說的任何話，她對我說：『親愛的，你是我唯一能以真實面目相處的人。』」

很顯然地，她聽不懂她先生的意思：「我覺得被忽略了，也不再被愛了。」我明白在一天的工作之後，必然身心俱疲，可是我認為她先生至少應該得到她對同事的同等待遇。是的，這需要努力，但是你若要在於公於私的人際關係上都盡善盡美，就得付出代價。

你必須努力與事業夥伴溝通，同樣，你也必須努力與配偶溝通。你看過在餐廳裡用餐時幾乎不交談的老夫老妻嗎？他們連看對方一眼都省了。或者其中一人口若懸河滔滔不絕，而另一人根本沒用心在聽，只看見那位說話的人，一再地提醒那個聽話的人：「能不能拜託你聽我說話？你根本沒聽進去我所說的任何一個字！」

記住每個人胸前那塊隱形的牌子：每個人都需要感覺自己很重要。然而，沒有人比你所愛的人更重要了，他們也需要你的珍視，需要你的讚美。你知道對一位員工說「你在管理某某客戶方面做得很好，希望你繼續保持下去」的價值，而你的家人也需要類似的讚美和鼓勵。他們會將這些讚許牢記在心，有機會他們一定會有所反應的。當他們應得到稱讚時，不要吝於給予。例如：「太太，今天晚上的烤牛肉太棒了！」或者「馬修，我剛看完你的學期報告，寫得太好了，我真為你感到驕傲，兒子。」抑或「珍妮佛，我知道妳一定為今天的網球賽感到懊惱，可是我卻認為妳今天的表現非常出色，並不比練習時差，妳已經盡了全力了，輸球也並不丟臉呀！假如妳再繼續保持那樣的水準，妳一定會贏得許多比賽的。」只要你四處留意，你一定會在你的家人身上找到許多值得稱讚的優點。而且一經你誇獎，他們就會快活地度過一天。你該記得你給公司清潔人員的感謝留言吧！「你昨晚把地板擦得這麼亮，我都可以在上面看到自己的倒影了，真謝謝你。」你是否記得，你最近一次留給家人類似的字條是什麼時侯呢？

我們許多人，對我們所愛的人也表現出過於苛求的趨向。我們應該將對同事的耐心和禮貌也推展到我們的家人身上。運用一點小機智，可以長保家庭和樂。我們都應像做三明治一樣，在兩層厚厚的讚美之間夾一層批評：「強尼，以你的聰明，實在不應該數學得個丁。看到你的成績退步了，我很失望，因為我知道你有能力成為一個好學生的。在這學期裡，我希望你每晚至少念兩個小時的書，我知道只要你盡力而為，你一定會有好成績。」然後給他一個擁抱和親吻。這就是所謂的「三明治」技巧。

每一條促使你成為最佳領導者的信條，也都是你在公事之餘待人處事的忠告。舉個例子，「領袖的速度就是團隊的速度」這個概念也可以運用在家裡。身為父親的人，若想召集孩子們來一次春季大掃除，他一定要先捲起自己的衣袖以身作則，這麼做比坐在椅子上使喚人要有效多了，孩子會比較合作和熱心。還有「人們會支持他們參與創造的事物」這點，也是適合在家中使用的原則。

有一年的夏天，我的一位朋友帶著她三個十幾歲大的孩子到歐洲旅遊。她要求孩子們一起計畫這次旅行。他們預定遊覽三個國家——英國、法國和義大利，所以她讓每一位小孩負責一個國家的行程。每位小孩都跑去圖書館找尋他所負責國家的歷史古蹟資料，然後在出發前數週，全家開會決定這次旅遊的行程表。這位母親很聰明地要求小孩參與。她本來可以找一家旅行社替她安排全部行程，這樣會容易多了，但是如果她這麼做，她的小孩對這次旅行就不會那麼熱心和瞭解了。就因為他們參與了行程的安排，他們都一致公認，這是他們最好玩的一次旅行了。

父母也不可以用規定來壓迫孩子。試想一下，如果一個十五歲的女兒第一次獲邀參加舞會，她父親告訴她必須在晚上十一點半以前到家。

「但是為什麼要這麼早呢？」她反問道。「舞會要到一點才結束呀！」

「我已經說了，十一點半以前一定要回來。」

「為什麼嘛？」

「因為這是我說的，這是我定的規矩。妳跟妳那群朋友在一起，做什麼都可以，但是在家裡，一切由我做主。」

「你把我當三歲小孩看待！」她哭道。

「我要怎麼待妳，就怎麼待妳，我是妳爸爸！」

不幸的是，這樣的情節太普遍了。我們需要不斷提醒自己：指引、教育孩子，而不要命令孩子。

也許你的雙親是十足的暴君，因此你覺得你有權力以同樣的方式對待你的小孩，但是並不能因為你在這種管教方式下成長，就證明那是正確的方法。今天的年輕人會說：「時代不同啦！」他們是對的，時代不同了，我們必須面對社會變遷和商場、專業領域裡的千變萬化。

我們曾經討論過工作場所的壓力問題，但是這些壓力不僅僅限於辦公室裡或商店中，我們身邊的壓力無所不在，然而絕大多數的壓力是可以減輕的。為了摒除壓力，首先你得弄清楚引起壓力的原因。我們平常對問題採取「視而不見」的態度，總以為問題會自然消失。健康的家庭會將問題公開而不壓抑，說出問題也是一種減輕壓力的方法。

例如，比起家庭中的角色，有人更樂意承擔他或她在工作中的角色，他們知道該如何處理辦公室中的難題，但是在家庭生活中，卻是困難重重。也許開車載一群吵鬧喧嘩的小孩，行駛於混亂擁擠的馬路上，對他們的神經是一大壓力。或許是當他們在招待一屋子的客人時，因為太在意客人的反應而產生了壓力。由於辦公室繁忙的工作，他們沒有足夠的時間來清理屋子，也會為他們帶來壓力。你必須事業與家庭兼顧，因為如果你無法控制個人的問題，這些問題極可能會對你的工作產生巨大的影響。你不能過兩種各自獨立的生活，你必須將兩者結合為一！

這本書裡所提到如何與人共事的建議，是來自我個人自己學到的黃金法則式的管理方法。或許只有少數人會想要將它們運用到事業上，但是我們已經證明這是可行的，並且很管用！這些黃金法則沒有專利保護，對我們行得通，我相信你也一定用得著。但是唯有你具有真誠和信心，它才會發揮作用。你不能假裝遵行這些黃金法則，因為人們很快就會感覺出你的不真誠。你必須贏得與你共事的人無條件的尊敬。當然除了朝九晚五的辦公時間之外，你在生活其他層面的行為，也會被別人列入評斷的項目。沒有人在雙重標準下，能有良好的表現，也沒有人能同時服侍兩個不同的主人。

本書的目的在於增進你與人共事的管理技能，我希望你不要將本書僅運用在職場生活上頭，不要因為工作太投入，而忽略了你最親近的人——家人和好友。將你心目中的優先順序排妥之後，你將能夠享有最棒的人生。最後，我要祝福諸位有個完整美滿的生活——同時也能夠幫助你周圍的親朋好友擁有豐富的人生。

後記

當我的母親玫琳凱開始著手寫這本有關商業原則的書時，她並未想到自己的核心價值觀對一些企業領袖們而言是一種革命性的創舉，對其他人而言也是匪夷所思的。但是她確信這些準則可以發揮作用。一九八四年，這本書正式出版發行，此時玫琳凱已經運用《玫琳凱之道》使公司成功營運了二十年。

玫琳凱了解女性在職場上擁有無限的機會。她知道一旦女性被賦予了和男性同事相同的機會，她們就將獲得卓越的成就。她把這些經驗傳承給了我和她在一生當中接觸到的所有人。

而她的話確實是金玉良言。

二〇〇一年，我的母親不幸辭別了人世，但是她的價值觀和行事準則，依然把全世界的人們紛紛吸引到她非比尋常的公司裡。玫琳凱仍舊是個具有領導地位的品牌，為數百萬名美容顧問提供回報豐碩的事業機會。今日，玫琳凱的產品也在全球將近四十個市場銷售。

「玫琳凱知道她開創的事業遠遠超出了她的生命，而她生命的終結卻並不意味著『豐富女性人生』的使命就此結束。她知道我們需要那些相信她的夢想的領袖，她們會秉承玫琳凱的準則和信念，而這本書就是她對這些領袖的耳提面命。

或許黃金法則對許多人而言是新穎的想法。「想別人怎麼待你，先怎麼待別人」的這個法則已經存在了超過兩千年之久，但我母親知道這並不意味著黃金法則就是墨守成規的概念。黃金法則和我母親在管理上運用的原則是亙古不變的真理。

——理查．羅傑斯（Richard Rogers）

作者簡介

1918年5月12日，玫琳凱艾施女士出生於美國德州霍特維爾（Hot Wells）的一個貧困的家庭。她的童年時光是在處理家務和照顧生病的父親當中度過的。玫琳凱的母親，是一名護士，之後轉任餐館經理，她努力不懈地工作養家。玫琳凱年輕的時候，她的母親經常告訴她：「妳做得到，玫琳凱。妳可以做到的！」而她也真的做到了。

多年後，身為一位單親媽媽，玫琳凱決心追求自己的職業目標。儘管那時候很少有婦女出外工作，但玫琳凱是個天生的銷售好手。在她的整個職業生涯中，她取得了非凡的成績，但是她的男同事總是能夠晉升到比她高的職位──而且這些男同事當中有許多人都是她訓練出來的人才。

1963年，在從事直銷業25年之後，玫琳凱辭去她的工作。她原本想要做的事情是寫一本書，以她的經驗為基礎來幫助職場上的女性。她反思了自己遇到的限制，並創建了兩份清單：一份包含了她以前的雇主所做的正確的事情；另一份則詳細說明了哪些地方還有進一步改善的空間。在審視這份清單時，玫琳凱意識到她無意中為自己的「夢想公司」制定了一項商業計劃。這是一家能讓女性充分發揮潛力的公司。

玫琳凱艾施女士於1963年9月13日創立了玫琳凱公司，當年她45歲。她投資了5,000美元，制定了穩健的商業計劃，並渴望改變女性的職場未來。在短短幾個月內，該公司就開始獲利。到第一年年底，該公司總共銷售了價值198,000美元的產品。

如今，玫琳凱艾施女士被公認為是世界上最偉大的企業家之一，她開啟了一個難得的機會之門，而這個機會將繼續為全世界數以百萬計的女性帶來力量。她的故事、她所留下的典範和永恆不變的商業原則為許多世代的人們帶來啟發，並引起了各個產業的企業領袖共鳴。

玫琳凱於2001年感恩節去世。

在創立她夢想中公司後的57年，她所留下的典範透過全世界受她影響的數百萬女性生活中得以延續。

有關玫琳凱艾施女士或玫琳凱公司的更多資訊，請上marykay.com.tw查詢。

附錄：玫琳凱大事紀

1960

1963
9月13日，星期五，玫琳凱艾施（Mary Kay Ash）創立了她的事業，並在達拉斯開設了第一家店面：玫琳凱美容中心(Beauty by Mary Kay）。

1964
玫琳凱艾施女士開啟了公司一個每年一度的傳統，表彰女性在企業家精神方面的成就，同時提供激勵和商業教育。她稱之為研討會。

1964
玫琳凱成為最早推出專門針對男性的全套肌膚保養產品系列的化妝品公司之一。

1969
玫琳凱艾施女士建立了事業粉車計劃，使標誌性的粉紅色凱迪拉克成為了獨立美容顧問成功的象徵。

1969
在達拉斯的玫琳凱工廠開始動工。　玫琳凱以現金支付工廠的興建費用。

BEAUTY by
Mary Kay
LIP and

1970

1971
玫琳凱全球第二個市場–澳洲在此年開幕營運，讓玫琳凱艾施女士正式成為一位跨國企業家。

1976
玫琳凱艾施女士獲得直銷協會頒發名人堂大獎。

1976
玫琳凱公司於紐約證券交易所（NYSE)上市。玫琳凱艾施女士被譽為第一位讓公司在紐約證券交易所上市的女性執行長。

1978
玫琳凱艾施女士獲得了Horatio　Alger傑出美國公民獎的肯定，以表彰她的成就和克服職業生涯初期的逆境。

HORATIO ALGER

1980

1980
玫琳凱的國際市場拓展到了加拿大和阿根廷。

1981
玫琳凱艾施女士的自傳《玫琳凱--我心深處》出版並成為暢銷書。

1984
《玫琳凱談人的管理》這本闡述玫琳凱艾施女士具影響力領導風格的書出版，並登上華爾街日報的暢銷書排行榜。

1985
玫琳凱艾施女士被《世界年鑑》和《事實手冊》譽為「美國25位最具影響力女性」之一。

1985
玫琳凱公司以槓桿收購的方式恢復了家族的私人所有權。

1988
玫琳凱艾施女士獲選被納入史密森學會（Smithsonian Institution）的「偉大的美國企業家」系列專題報導當中。

1990

1988
玫琳凱艾施女士獲選被納入史密森學會（Smithsonian Institution）的「偉大的美國企業家」系列專題報導當中。

1993
玫琳凱公司在1992年首度入選財星五百大企業名單。

1995
玫琳凱艾施女士出版了她的第三本著作《妳可以擁有一切》在一週內就登上暢銷書排行榜。

1996
玫琳凱艾施女士是《富比世雜誌史上最偉大商業故事》中唯一獲得報導的女性企業家。其他獲得報導的企業家還包括比爾蓋茲、亨利福特和華特迪士尼。

1996
玫琳凱艾施女士成立了玫琳凱艾施慈善基金會（現更名為玫琳凱基金會，以為影響婦女的癌症研究和消除針對婦女的家庭暴力提供資金捐助。

1996
玫琳凱榮獲國際婦女論壇（International Women's Forum）頒發的「創造改變的企業」(Corporations That Makes a Difference)獎，以表彰其為支持提高婦女地位而採取的領導舉措。

2000

2000
Lifetime電視台將玫琳凱艾施女士譽為「 20世紀最具影響力的商界女性」。

2000
玫琳凱是女性博物館：未來研究所的「令人難忘的女性」展覽中的38位美國女性之一。

2001
玫琳凱艾施女士於感恩節當天過世。感恩節也是她最喜愛的節日。

2003
貝勒大學將玫琳凱艾施女士評為「美國史上最偉大的女企業家」。其他獲表揚的企業家包括約翰洛克菲勒和湯瑪士愛迪生。

2004
玫琳凱艾施女士被PBS和賓州大學華頓商學院評為「過去25年25位最具影響力的商務人士」之一。 其他獲獎者包括傑夫貝佐斯、理查布蘭森和華倫巴菲特。

2004
英國肯辛頓宮授予玫琳凱艾施女士人道主義玫瑰獎。其他獲獎者包括史瓦濟蘭的姆斯瓦蒂三世國王和知名女星奧黛麗·赫本。

2004
《圍繞公司篝火：偉大的領導人如何利用故事激發成功》一書中對玫琳凱艾施女士進行了專題介紹。 她被公認為最會說故事的頂尖企業家之一。

2008
玫琳凱發起了其正式的全球企業社會責任計劃「粉紅色的改變生活」（Pink Changing Lives®），其唯一宗旨就是改變世界各地婦女和兒童的生活。

2010

2013
玫琳凱歡慶五十週年。

2017
玫琳凱的產品現在於全球將近四十個市場進行銷售。

2018
玫琳凱位於德州路易斯維爾市的理查羅傑斯（R3）生產/研發中心正式開始營運。 R3生產/研發中心擁有最先進的研發實驗室和製造技術。並且為一座零廢棄物掩埋量的工廠。

MARY

23堂學校沒教你的M型管理力 / 玫琳凱.艾施(Mary Kay Ash)作 ;
徐子超, 玫琳凱台灣分公司編譯小組譯. -- 臺北市 : 美商玫琳凱
出版 : 商周編輯顧問發行, 民109.03
面 ; 公分
譯自 : Mary Kay on people management
ISBN 978-986-98893-0-8(平裝)

1.美商玫琳凱公司 2.化粧品業 3.人事管理

494.3 109002665

作者: 玫琳凱·艾施(Mary Kay Ash)
譯者: 徐子超、玫琳凱台灣分公司編譯小組
執行編輯: 玫琳凱台灣分公司編輯小組
審稿: 玫琳凱台灣分公司編譯小組
封面書籍設計: 林芷亘
電腦編排: 凱芝琳廣告社
印刷廠: 科樂印刷事業股份有限公司

出版者: 美商玫琳凱股份有限公司台灣分公司
出版者地址:台北市敦化南路二段319號13樓
電話: (02)2735-8066

發行單位:商周編輯顧問股份有限公司
網址: https://www.businessweekly.com.tw/bwc/
地址: 104台北市中山區民生東路二段141號6F
電話: 886-2-2505-6789
傳真: 886-2-2500-1932
出版日期: 109 年 3 月
定價: 新台幣 280 元

M 23堂學校沒教你的 型管理力